THEROETICAL RESEARCH AND APPLICATION OF
TRENCH CUTTING RE-MIXING DEEP WALL CONSTRUCTION METHOD FOR
SEEPAGE PREVENTION AND SUPPORT

等厚水泥土连续墙(TRD)
抗渗与支护理论研究及应用

姜　鹏　张庆松　刘人太　等　编著

人民交通出版社股份有限公司
北　京

内 容 提 要

本书针对等厚度水泥土连续墙(TRD)抗渗与支护机理开展研究,通过理论分析、数值模拟、室内试验及现场应用相结合的手段,以提高TRD施工质量、安全和经济性为目标,针对成墙质量影响机制、TRD工法混合模型试验和抗渗性分析、墙桩一体支护机理进行了研究,最终获得各关键参数的计算方法,形成了TRD工法墙桩一体的设计依据,并进行工程应用。

研究成果为TRD工法抗渗和支护方案实施提供了可靠的理论依据,具有实用性和先进性,本书可作为工程技术人员以及科学研究人员的参考用书。

图书在版编目(CIP)数据

等厚水泥土连续墙(TRD)抗渗与支护理论研究及应用 / 姜鹏等编著. — 北京 : 人民交通出版社股份有限公司, 2023.12

ISBN 978-7-114-19088-9

Ⅰ.①等… Ⅱ.①姜… Ⅲ.①水泥桩—地下连续墙—抗渗—支护桩—研究 Ⅳ.①TU476

中国国家版本馆CIP数据核字(2023)第219167号

Denghou Shuinitu Lianxuqiang (TRD) Kangshen yu Zhihu Lilun Yanjiu ji Yingyong

书　　名:等厚水泥土连续墙(TRD)抗渗与支护理论研究及应用
著 作 者:姜　鹏　张庆松　刘人太　等
责任编辑:谢海龙　刘国坤
责任校对:孙国靖　宋佳时
责任印制:张　凯
出版发行:人民交通出版社股份有限公司
地　　址:(100011)北京市朝阳区安定门外外馆斜街3号
网　　址:http://www.ccpcl.com.cn
销售电话:(010)59757973
总 经 销:人民交通出版社股份有限公司发行部
经　　销:各地新华书店
印　　刷:北京建宏印刷有限公司
开　　本:787×1092　1/16
印　　张:10.75
字　　数:250千
版　　次:2023年12月　第1版
印　　次:2023年12月　第1次印刷
书　　号:ISBN 978-7-114-19088-9
定　　价:68.00元

编 委 会

前　言

我国已进入基础设施建设的飞速发展时期,对工程质量和工期要求越来越高,从而激发了大量新技术的发展和应用。地铁车站、建筑基坑等工程的止水帷幕成为保证工程安全建设的基础,等厚水泥土连续墙(Trench cutting re-mixing deep wall,简称TRD)作为一种新型止水帷幕,具有止水性能好、施工周期短等优点,现已在全球大量应用。该工法通过内插H型钢替代钻孔桩,实现止水和支护的“两墙合一”,形成墙桩一体的新型支护形式,因型钢可回收,不仅节约了工期,还降低了工程成本。但现有TRD工法抗渗和支护方案未得到系统的研究,多以施工经验或借鉴其他工法而来,抗渗和支护机理的研究并未大量展开。

本书基于国内外调研和案例分析,运用理论分析、数值模拟、室内试验、模拟试验及现场应用相结合的手段,按照TRD工法墙桩一体两大作用,针对TRD工法的抗渗机制和支护机理进行研究。防渗作为TRD工法的最显著特征和主要作用之一,通过室内试验,研究了墙体抗渗机制和影响因素,并研发了TRD工法混合模型试验系统,研究混合参数和砂层参数对混合均匀性的影响;基于数值模拟,分析了混合均匀性对抗渗性能的影响;内插型钢后的TRD,形成了初期支护,为研究其支护机理,通过关键参数计算,开展现场试验验证;为保证施工期间的稳定和安全,研究了TRD施工过程中的槽壁稳定性,最终优化了TRD工法施工方案,并成功应用于工程实践。本书相关成果对TRD工法抗渗和支护机理提供了可靠的理论依据,具有实用性和先进性。

本书共分为六章,各章节的分工如下:第1章由姜鹏、张庆松编写,介绍了TRD工法概与国内外研究现状;第2章由桂大壮、李卫、张连震编写,开展了水泥土室内试验,介绍了强度和渗透系数影响因素;第3章由姜鹏、王洪波、李志鹏、李克先编写,介绍了TRD工法混合模型试验与抗渗性数值模拟方法;第4章由姜鹏、张庆松、白继文编写,介绍了TRD墙体变形计算与型钢回收;第5章由姜鹏、桂大壮、刘人太、张淑坤编写,介绍了开挖稳定性数值模拟与理论分析方法;第6章由殷险峰、李克先、张庆、鞠颂、宋永娜、董占武、栗全旺、察双元、冯啸编写，介绍了TRD工法在青岛地铁应用的案例。在编写过程中，山东大学刘衍凯、张军杰、伍雨博士等参与了文字编制、图件制作以及英文资料的校对工作。

本书的编写得到了山东省交通规划设计院集团有限公司、青岛地铁集团有限公司、中国矿业大学、山东交通学院、中国石油大学(华东)、山东科技大学、山东建筑大学的大力支持，在此一并感谢！

本书限于作者水平，不妥之处在所难免，敬请专家和读者批评指正。

作　者

2023年6月

目　　录

第1章　绪　　论

1.1　研究背景及意义

1.1.1　研究背景

随着国民经济的发展,我国已进入基础设施建设的飞速发展时期,对工程质量和工期要求越来越高,激发了新技术的发展和应用。在各类工程建设中,地下工程往往是各类工程的基础,是工程的重要组成部分,而地下水则是影响地下工程施工质量和安全的重要因素之一,通过大量的探索与实践,施作止水帷幕成为一种有效的抗渗止水手段。

止水帷幕是工程主体外围止水系列的总称,是为阻止或减少基坑侧壁及基坑底地下水流入基坑而采取的连续止水体。除矿山等特殊工程外,目前建设工程多集中在浅层位置(<100m)。同时,大多数工程(地下室工程、地下车站、大坝抗渗工程、垃圾填埋场抗渗工程等)对止水效果要求高。为了充分利用土体自身性能,自20世纪初期起,出现了固化液(水泥、石灰、有机材料等)与土体混合形成的抗渗止水帷幕。其充分利用固化液与土体的颗粒相互作用,止水效果较好,同时可节约大量的固化液,有效降低了工程成本,止水帷幕应用工程如图1-1所示。

a)大坝抗渗工程

b)地下室工程

c)地下车站

图1-1　止水帷幕应用工程

固化液与原位土体混合后形成止水帷幕的技术是由地基加固技术发展而来。这种混合技术作为地基加固的重要手段,分为原位混合和非原位混合,见表1-1。在原位混合中,通过机械混合或高压喷射混合,用固化液改善原位土壤,提高其强度。根据施工的深度和目的,可将原位混合分为浅层混合、中等深度混合和深层混合。根据土壤和固化液的混合位置,非原位混合可进一步细分为输送过程混合和混合设备混合。

混合技术分类　　表1-1

混合位置		混合方式	关键技术
原位混合	浅层混合	机械混合	表层处理和浅层加固技术
	中等深度混合	机械混合	中等深度混合技术

续上表

混合位置		混合方式	关键技术
原位混合	深层混合	机械混合、高压喷射混合或两类综合使用	深层混合技术
非原位混合	输送过程中混合	传送带上混合	预混合技术
		管道混合	管道混合技术
	混合设备混合	机械混合	预混合技术、轻量化岩土工程材料技术
		高压脱水机械混合	高压脱水固化土体技术

原位混合可有效节约施工场地,降低对周围环境影响和污染,成为施工水泥土止水帷幕的首选。原位深层混合根据混合方式不同,已发展出大量切实可行的工法,取得了较好的效果。在众多工法中,等厚水泥土连续墙(TRD)工法因适应地层广、止水效果好、机器净空低、施工周期短等特点,被各类工程广泛应用。同时,TRD工法采用可内插型钢替代传统围护结构,实现止水和支护的“墙桩一体”,且因型钢可回收,还可降低工程成本。

1.1.2 常用止水帷幕的介绍

高压旋喷桩、三轴水泥土搅拌桩和地下连续墙是目前国内应用比较广泛的止水帷幕,现就这几种结构的工艺原理和适用性等特点进行分析。

(1)高压旋喷桩

高压旋喷桩工法主要通过喷射注浆来加固土体。施工时先在设计位置钻孔,待钻孔至设计深度后从孔底以较大的注浆压力(一般为15MPa)喷射水泥浆液,钻孔外侧土体受到高压喷射的作用被切割,喷浆钻杆在缓慢抬升的过程中不断旋转喷射,水泥浆液扩散至周围土体中形成加固体。由于高压旋喷桩的钻孔是圆形的,所以最终形成的桩为圆柱形。其成桩机理除切割破坏原位土体外,还利用高压喷射水泥浆液对周围土体进行混合搅拌和置换,最终对土体达到渗透固结和压密成墙的目的。高压旋喷桩体固结示意如图1-2所示。

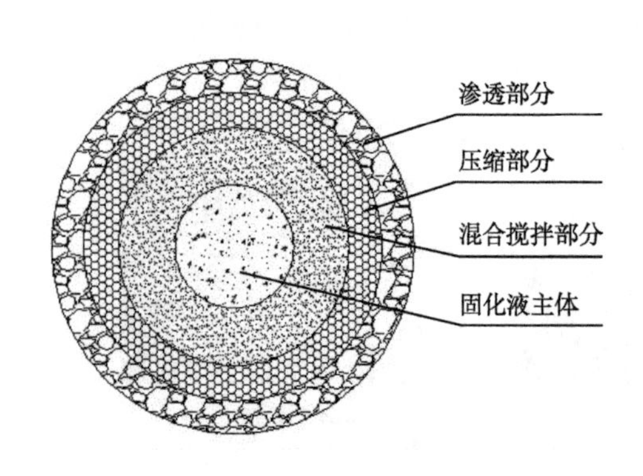

图1-2 高压旋喷桩体固结示意图

从注浆压力构成方式上分,可以分为单管法、双管法和三管法,后来又在三管法的基础上优化工艺,发展出高压旋喷桩工法和3S管高压喷射注浆工法。由于高压旋喷桩主要依靠高压喷射来切割土体,其成桩后固结土体范围受多种因素影响,如喷射压力、地层类型、提升与旋转速度、浆液稠度等,这就导致成桩效果易受人为和地层因素制约,其扩散范围及加固效果常常难以准确地检验和评价。

高压旋喷桩适应地层较广,按颗粒粒径划分,可以适用于从粉土至碎石土的所有土层。受限于其成桩机理,高压旋喷桩在松散、软弱地层内喷射距离长,加固范围及成桩效果较好,但是在坚硬土层(击实数N>50的砂质土、击实数N>10的黏性土)中加固范围与加固效果较差,当地层中土体颗粒较大时，浆液无法冲散旋转土体从而喷射到土体颗粒后侧，成桩效果一般。

高压旋喷桩施工设备高度相比于三轴水泥土搅拌桩低，可以在搅拌桩施工场地受限时使用，但是造价较高。该设备对桩体抗渗性能要求和桩体的垂直度提出了极高的要求，一般偏差最多不能超过1% ~5%，由于桩体的垂直度主要由钻杆控制且钻杆为细长杆件，刚度较低，当成桩深度较大时，钻杆易发生弯曲，导致桩体底部垂直度无法满足要求，桩与桩之间无法充分咬合，出现“分叉”，在基坑开挖至底部时出现渗漏水。

(2)三轴水泥土搅拌桩

三轴水泥土搅拌桩从应用形式可分为两种：一种作为围护结构，利用水泥土墙作为止水帷幕，利用H型钢抵抗土压力；另一种不插型钢，只用作止水帷幕。顾名思义，三轴表示有三个钻孔，包括两个注浆孔和一个气孔，三个钻孔在施工时保持同步钻进，通过注浆孔注入水泥浆液，气孔主要用来松动土体，使得浆液能够更好地渗入土体并与土体混合，如图1-3所示。

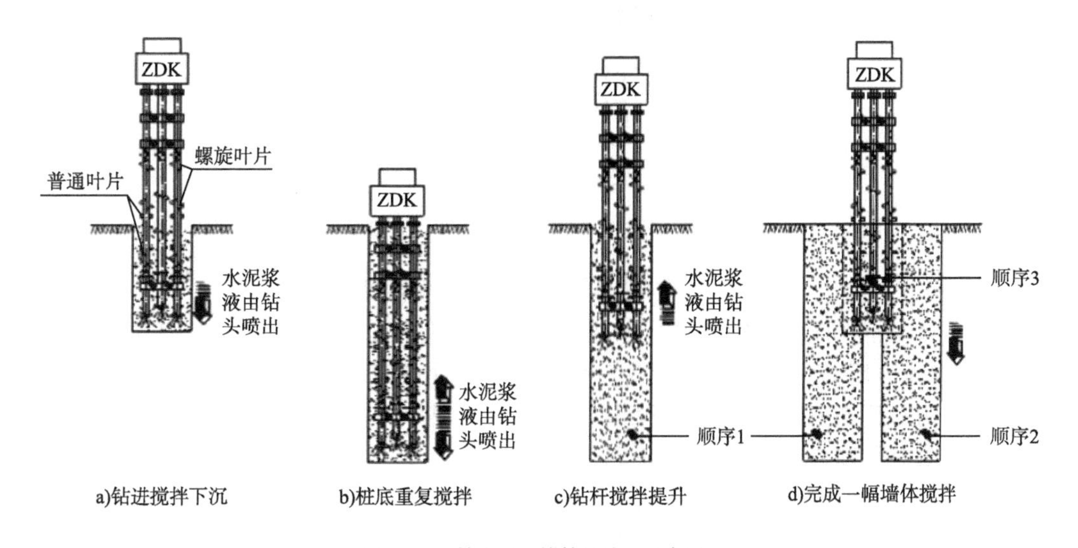

图1-3 三轴水泥土搅拌桩施工示意图

三轴水泥土搅拌桩主要作用在软土地层中，土层性质对施工难易的影响见表1-2。三轴水泥土搅拌桩用作围护结构时，不会对周边地层造成很大的扰动，适应地层较广泛，工期短，桩体的强度和抗渗性能更容易调整。

土层性质对三轴水泥土搅拌桩施工难易的影响 表1-2

<table>
<tr><td>粒径(mm)</td><td colspan="2">0.001</td><td>0.005</td><td>0.074</td><td>0.42</td><td>2.0</td><td>5.0</td><td>20</td></tr>
<tr><td rowspan="2">土粒区分</td><td rowspan="2">淤泥质土</td><td rowspan="2">黏土</td><td rowspan="2">粉土</td><td>细砂</td><td>粗砂</td><td>砂砾</td><td>中粒</td><td>粗粒</td></tr>
<tr><td colspan="2">砂</td><td colspan="3">砾</td></tr>
<tr><td>施工难度</td><td colspan="4">较易施工，搅拌均匀</td><td colspan="4">较难施工</td></tr>
</table>

三轴水泥土搅拌桩所需要的施工设备高度较高,一般在 30m 左右,设备稳定性差,存在倾翻的可能,如图 1-4 所示;与其他工法桩相同,桩体之间需要进行咬合,水泥用量一般按单根桩计算,这就造成咬合处的水泥用量计算两次,不够经济节约。

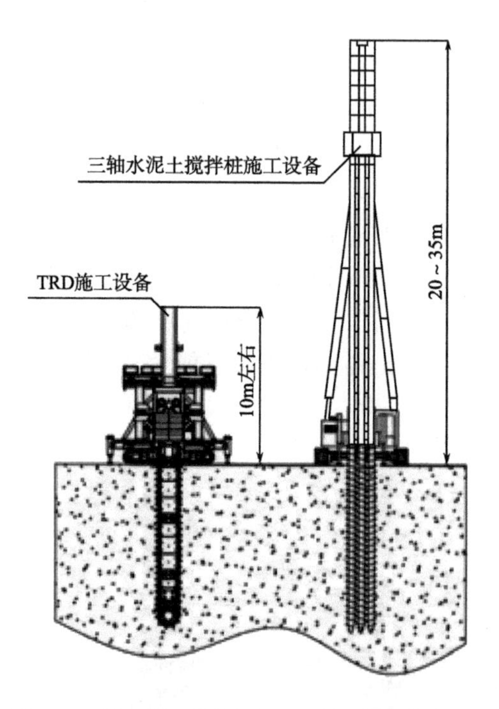

图 1-4 三轴水泥土搅拌桩与 TRD 施工设备高度对比

当三轴水泥土搅拌桩用作围护结构时,强度相比其他围护结构强度低,若基坑开挖深度较大时,会造成周边环境变形增加,若周边环境对变形大小要求较高,一般建议选择其他强度较大的围护结构。且当三轴水泥土搅拌桩发生较大变形甚至产生裂缝时,会出现渗流通道,造成基坑开挖时出现渗漏水,对安全开挖不利。

不同开挖深度引起的三轴水泥土搅拌桩变形也会存在区别,需要根据开挖深度选择合适的墙体厚度。根据工程经验,开挖深度在 8.0m 内时,三轴水泥土搅拌桩体所形成的连续墙厚度至少为 0.65m;开挖深度在 11.0m 内时,三轴水泥土搅拌桩体所形成的连续墙厚度至少为 0.85m。

(3)地下连续墙

地下连续墙由于其刚度较大,在目前的围护结构中一般被优先选择,其墙体为钢筋混凝土墙壁,可以同时兼顾挡土和止水,是一种特点非常鲜明的结构。

如图 1-5 所示,施工时需要先沿着基坑周边轴线开挖深槽,然后吊入钢筋笼,以钢筋笼为骨架从下自上浇筑高强度混凝土,最后连续成墙。地下连续墙作为钢筋混凝土墙区别于其他围护结构最主要的优点是抗弯和抗拉能力突出,且整体性强,既可以如钻孔灌注桩一样作为临时支护,也可以在开挖完成后成为永久地下结构的一部分。除此之外,地下连续墙的成墙过程引起的周边土体变形很小,施工深度大,当作为地下结构的一部分时,基坑施工工序可由顺作法变为逆作法,节省工程成本。

a)导墙

b)成槽

图1-5 地下连续墙施工

当基坑底板埋深较浅或者仅作为开挖阶段临时支护结构时，完成地下连续墙所需要的经济成本和时间成本比完成相同刚度的钻孔桩+止水帷幕更高，使用地下连续墙更经济节约的用法一般是当作地下结构的外墙。当基坑工程选择地下连续墙作为永久性地下结构外墙时，对其防水抗渗有较高的要求，地下连续墙施工的精度与墙体的完整性都需要满足更高的要求。由于地下连续墙工艺复杂，工序较多，每道工序的质量控制都会对最终成墙质量产生影响，特别是地下连续墙的成墙受限于工艺无法一次浇筑，需要分段完成，每道槽段搭接位置非常容易发生渗漏水，从而影响后期基坑的正常开挖。

目前深大基坑一般在城市中，而地下连续墙成槽阶段需要泥浆护壁，会产生大量的废弃泥浆，较难处理。在粉细砂层中施工时，由于砂颗粒之间的黏聚力较低，很容易发生槽壁坍塌影响基坑的安全施工；在一些自稳能力差、流动性较强的地层中难以顺利浇筑混凝土完成连续墙的成墙，甚至可能存在槽壁坍塌的可能，增加了施工的危险性。

1.1.3 TRD工法特点

水泥土搅拌工法的原理主要是依靠垂直钻孔注入固化液，与地层水平搅拌成桩(墙)。TRD工法的先进性在于其将成墙原理优化为利用切割箱的整体性在水平方向上与地层搅拌，相比其他工法，这种成墙方式主要具有以下特点：

(1)适应地层广泛。在N值30击以上的密实砂层或单轴无侧限抗压强度不超过15MPa的软岩中均可以成墙，成墙品质在典型软土、砂土互层和坚硬土层中更容易得到保证。

(2)墙体均匀性高。TRD工法的搅拌方式为切割箱沿墙体垂直方向混合搅拌，推进方向为水平推进，切割箱为分段连接，整体性好，刚度相比垂直螺旋钻杆更大，不易发生弯曲，成墙后墙身均匀连续。

(3)施工深度大。上海和武汉等地TRD施工深度已接近60m。

(4)施工精度高。在成墙过程中，由切割箱内部的测斜仪对切割箱的垂直度进行持续实时监测，从而控制墙体的垂直度始终满足要求；在刀架系统工作时，通过现场放线测量对主机履带板移动方向进行实时调整，确保成墙垂直度满足基坑周边轴线要求。

(5)设备安全性高。目前国内常规三轴水泥土搅拌桩设备通常接近30m，而TRD施工设备一般在10m左右，具有较高的安全性。

(6)TRD 施工中,固化液的注入位置为切割箱底部,注浆压力相比其他工法的喷射流低,可以满足对变形较敏感地区建(构)筑物和管线的保护要求。

TRD 工法也存在一些缺点:在坚硬地层中成墙速度较慢,且容易造成刀具的损坏,维修费用较高;受限于施工工艺和设备水平,在复杂地层中成墙无法根据地层不同采用不同工艺参数,会造成最终成墙质量离散性较大。

TRD 工法的优缺点主要因工法原理所致,在施工过程中,应扬长避短,充分发挥其优势,降低施工成本和难度,建设出高效的止水帷幕。该工法的优点有:适应地层广、成墙速度快、施工质量高、机身高度低等;其具有缺点是仅能直线施工,缺乏针对性的规范指导,施工设备自重较大等。

TRD 工法主要由新型水泥土搅拌桩墙(Soil Mixing Wall,简称 SMW)工法发展而来,相较 SMW 工法桩止水帷幕,TRD 工法有效避免了接缝处渗水、桩身夹泥渗水、下部“开叉”透水等问题,从根本上解决了接缝处渗水引发基坑开挖中渗漏水的问题,两类工法对比见表 1-3。

TRD 工法与 SMW 工法对比 表 1-3

对比项目		SMW 工法	TRD 工法
示意图			
最大厚度		直径 1000mm,有效厚度 660mm	900mm
设备最大设计深度		30m	65m
内插构件		间距受限制	无限制
搅拌方式		垂直定点搅拌	水平切削,整体搅拌
搭接接头		多	无
墙身质量		良	优
止水效果		良	优
施工地层	软黏土	可施工	可施工
	砂土	标贯击实次数 < 30	标贯击实次数 < 100
	卵砾石	无法实施	粒径 < 10cm
	岩层	无法实施	单轴抗压强度 < 10MPa
设备占用空间		大	小
土体置换率		中	高

1.1.4 TRD 工法的研究意义

TRD 的设计和施工是一个复杂的过程,涉及参数众多,需在众多参数中选取影响施工安全、成本和质量的关键参数,进行深入研究,提高 TRD 抗渗效果和支护质量。

通过国内外调研和案例分析,运用理论分析、数值模拟、室内试验、模拟试验及现场试验相结合的手段,按照 TRD 桩一体两大作用,针对 TRD 工法的抗渗机制和支护机理进行研究,抗渗作为 TRD 的最显著特征和主要作用之一,通过室内试验,研究墙体抗渗机制和影响因素,并研发 TRD 工法混合模型试验系统,研究混合参数和砂层参数对混合均匀性的影响,基于数值模拟,计算混合均匀性对抗渗性能的影响;内插型钢后的 TRD,形成了初期支护,研究了支护机理,获得了关键参数计算公式,并开展现场试验进行验证。为保证施工期间的稳定和安全,研究了 TRD 施工过程中的槽壁稳定性。最终形成了 TRD 施工方案,并成功应用于工程实践。

因此,研究成果为 TRD 施工过程中抗渗和支护,提供了可靠的理论依据,具有一定的科学意义和工程价值。

1.2 TRD 工法概述

TRD 工法已在日本、美国和欧洲等国家和地区大量使用,在我国上海、天津、杭州、苏州、南昌、武汉、青岛等沿海、沿江、沿河城市也开始广泛应用,取得了良好的效果。该工法虽然进行了大量的成功应用,但是理论研究尚处在起步阶段,尤其是涉及施工关键参数的选取,其设计和计算的依据多参照其他工法和施工经验,未能形成可靠的理论依据和系统的设计体系,阻碍了该工法的进一步推广和应用。

1.2.1 TRD 工法起源与发展

TRD 工法是由日本神户制钢所于 1992 年研发的一种新型水泥土搅拌墙施工技术。TRD 现场施工概念如图 1-6 所示。

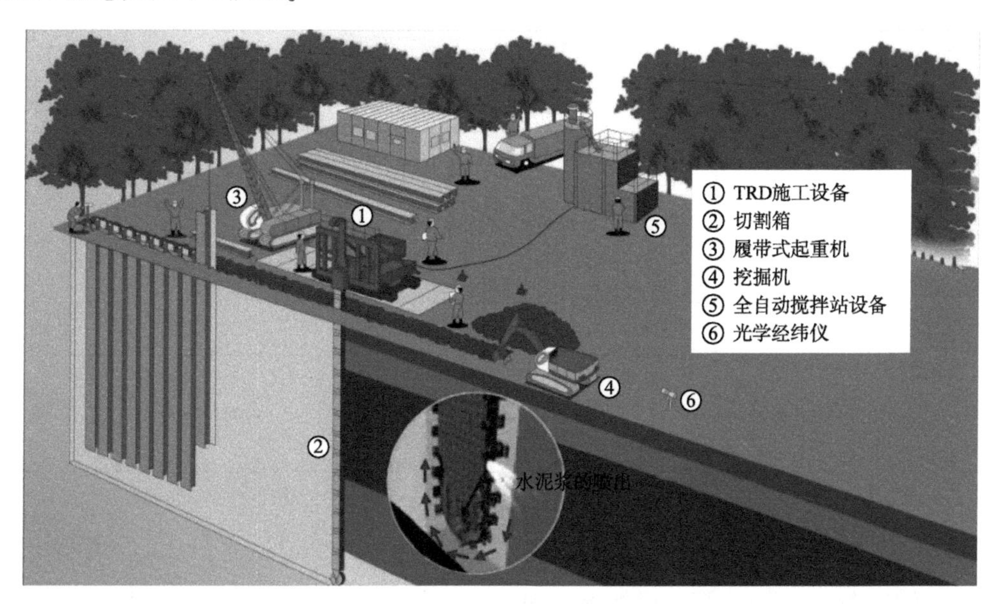

图 1-6 TRD 现场施工概念图

1996 年,经日本建设机械化协会的技术审查,TRD 工法被正式认定为一种行业施工方法。2005 年,我国企业从日本引进 TRD-Ⅲ型施工设备并开始在基坑工程中投入使用。2014 年,国家颁布行业标准《渠式切割水泥土连续墙技术规程》(JGT/T 303—2013)。2017 年,TRD 工法被列入《建筑业 10 项新技术(2017 版)》。该工法已大量应用于地下车站、地下室、水库堤岸等工程的止水帷幕工程,取得了良好的效果。国内部分 TRD 施工案例见表 1-4。

国内部分 TRD 施工案例 表 1-4

项目名称	墙厚(mm)	水泥掺量(%)	水灰比	基坑深度(m)	TRD 工法应用形式
上海奉贤中小企业总部大厦	850	25	1.5	11.85	型钢水泥土搅拌墙
南昌绿地广场	850	27	1.5	17.45	型钢水泥土搅拌墙
中钢天津响螺湾项目	700	25	1.5	24.1	止水帷幕
淮安雨润中央新天地项目	850	25	1.5	27.4	止水帷幕
上海虹桥商务区一区 08 地块	800	25	1.5	49.5	止水帷幕
上海国际金融中心	700	25	1.4	28.06	止水帷幕
青岛地铁 1 号线庙头站	850	25	1.4	17.5	止水帷幕

我国引进该工法后,各大生产厂家进行了大量的技术改造和升级,中日 TRD 重要施工设备的具体型号和性能见表 1-5。

中日 TRD 主要施工设备型号与性能 表 1-5

厂家	设备型号	特点	厚度(mm)	深度(m)
日本神户制钢所	TRD-Ⅰ	可实现河岸护坡 30°~60°俯角成墙施工	450~550	20
	TRD-Ⅱ	可用于大角度倾斜施工	550~700	35
	TRD-Ⅲ	成墙深度显著增加	550~850	60
日本三和集团	TRD-E	步履底盘、电动马达主机	550~850	65
	TRD-EN	增加了可拆卸部分,可降低 2m 机器高度,并增大了施工深度	550~850	70
上海工程机械厂有限公司	TRD-D(柴油)	主动力为柴油机,实现了整机的国产化	550~850	65
	TRD-E(电动)	实现了全电动,可与 TRD-D 型柴油发动机动力柜互换,进一步降低施工成本	900~1100	86

1.2.2 工法原理

TRD 工法综合了新型水泥土搅拌墙(Soil Mixing Wall,简称 SMW)、水下深层水泥搅拌法(Cement Deep Mixing Method,简称 CDM)、深层水泥搅拌法(Deep Mixing Method,简称 DMM)等工法特点,以横向连续施工为特征。在水泥土凝固前,可内插 H 型钢,提高水泥土刚度,增加承载力,实现止水和支护一体式的"墙桩一体",如图 1-7 所示。

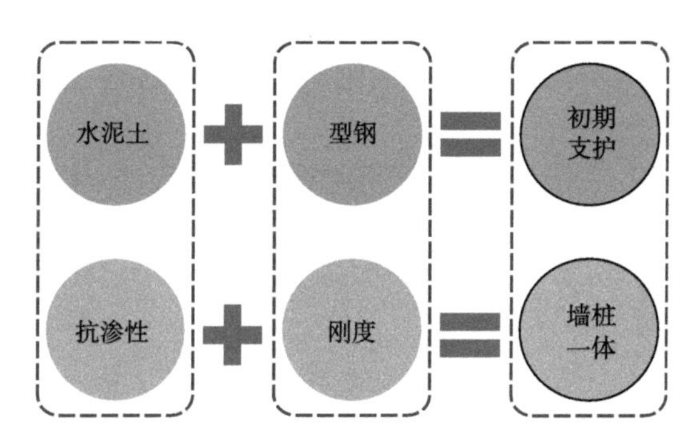

图 1-7　墙桩一体示意图

针对受地下水威胁的基坑工程,该工法解决了施工过程中,既需要施工止水帷幕,又需要施工围护结构的传统做法,通过一次施工,即可实现止水和支护的目的,为基坑支护提供一套经济可行的新型支护方式。

该工法原理是利用锯链式的刀具切割原位土体,与后注入的水泥浆液混合,形成均匀连续的水泥土搅拌墙。根据施工机械是否反向施工以及何时喷浆的不同,TRD 工法可划分为一步施工法、两步施工法和三步施工法,见表 1-6。

三种施工方法特征　　表 1-6

分类	一步施工法	两步施工法	三步施工法
施工摘要	切削、固化液注入、芯材插入是一次同时完成,直接以固化液进行切削和固化	单向进行切削,全部切削结束后返程,在返程过程中进行固化液的注入和芯材的插入	将整个施工长度划分为若干施工段,在每一个施工段,先进行切削,切削到头后返回施工段起点,再进行固化液注入和芯材插入
注入液	固化液	切割液→固化液	切割液→固化液
适用长度	比较浅	可以大深度施工	可以大深度施工
地基软硬	比较软的地基	软到硬的地基	软到硬的地基
对周边的影响	小	需要分析	小
对障碍物的适应性	不好	较好	较好
综合评价	由于直接注入固化液,当出现问题时,链状刀具周边发生固化,有可能发生无法切削的问题,常用于墙体较浅的情况	由于开放长度较长,长时间会对周边的环境产生影响,在施工长度补偿的场合使用	对于障碍物的探知、芯材的插入等可以保证充足的施工时间,对链状刀具以及周边的影响较小,通常采用该施工方法

TRD 为地下隐蔽工程,三步施工法可有效保证成墙质量,虽然施工成本偏高,但是仍被广泛采用。其具体操作:首先将链锯型切削刀具插入地基,掘削至墙体设计深度;其次注入固化液,与原位土体混合;然后持续横向掘削、搅拌,水平推进,构筑成高品质的水泥土搅拌连续墙。同时,TRD 工法所形成的水泥土具有一定强度,可与型钢配合,实现抗渗和支护的“两墙合一”,可大量节约施工材料和工期,有助于推进该工法的进一步应用。

上述方法中,三步施工法成墙质量最好,是目前常用的方法,其工法流程如图 1-8 所示。

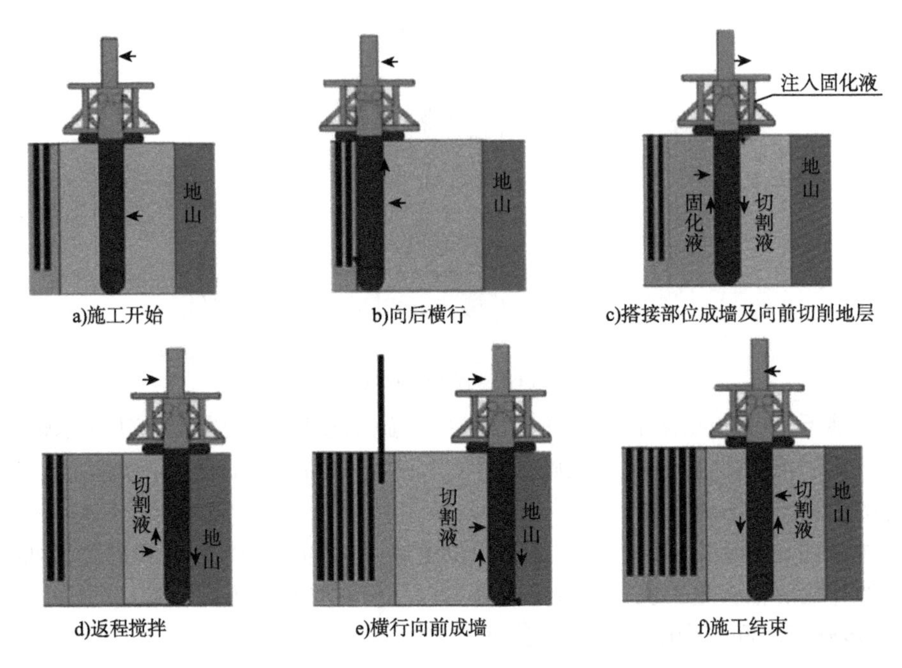

图 1-8　三步施工法流程图

1.2.3　主要设计参数和标准

TRD 工法所使用的设计参数,主要依据《基坑工程手册》《渠式切割水泥土连续墙技术规程》(JGJ/T 303—2013)《型钢水泥土搅拌墙技术规程》(JGJ/T 199—2010)《地下连续墙施工规程》(DG/TJ 08-2073—2016)等规程制定。其中,最主要的参数为切割液的配合比、固化液的配合比以及膨润土的配合比。

切割液是在切削时为使切削的土砂流动,而注入由水、膨润土等混合而成的悬浮液。切割液应能够保持,当插入地基内的切削箱体长时间在地下静止不动时,混合稀泥浆的防水性应具有长时间良好且最合适的稠度(流动性)。同时,切割液为运行中的刀具起到润滑和降温作用,应根据不同地质条件合理选择切割液配合比,见表 1-7。目数高的膨润土容易与盐分发生反应,短时间内形成结块,使得混合稀泥浆的稠度急剧变硬,从而影响施工质量。膨润土浆液由泥浆泵泵入 TRD 切割箱内管道,由管道输送至切割箱底部,由前后两个出浆口排出。

切割液的配合比(每立方米土体)　　表 1-7

岩土条件	膨润土(kg)	增黏剂(kg)
黏性土	0 ~ 5	—
粉细砂、粉土	5 ~ 15	—
中砂、粗砂	15 ~ 25(20)	0 ~ 1.0
砾砂、砾石	25 ~ 50(30)	0 ~ 2.5
卵石、碎石	50 ~ 75(40)	0 ~ 5.0

固化液按材料不同,主要分为水泥类和石灰类,TRD 工法中所应用的固化液主要为普通硅酸盐水泥,水泥掺入比一般大于 20% 。对于某些特殊地层,合理加入添加剂,可提高成墙质

量。见表1-8,在TRD工法中,水泥以水泥浆液进入地层,其进入路径与切割液一致,在两步法和三步法施工中,均在地层切削完成后,回撤阶段注入。

固化液配合比 表1-8

岩土条件	水泥(kg/m^3)	水灰比	流动化剂(kg/m^3)	缓凝剂(kg/m^3)
黏性土	400~450	1.0~2.0	0~10	0~4.4
粉细砂、粉土	380~440	1.0~2.0	0~2.5	0~2.7
中砂、粗砂	380~430	1.0~2.0	—	0~2.0
砾砂、砾石	370~420	1.0~2.0	—	0~1.5
卵石、碎石	360~400	1.0~2.0	—	0~1.5

TRD止水性能较好,然而水泥土强度低,无法作为独立支挡结构,需在开挖侧施工搅拌桩,形成止水和支护联合支护结构。该类型支护赋予等厚水泥土连续墙的刚度和抗渗性能两类性质,在主体结构施工完成后,可将型钢拔出,最大限度地节约施工成本。根据目前施工经验,所使用的H型钢型号和参数见表1-9所示。

H型钢型号和参数 表1-9

墙体厚(mm)	截面	间距(mm)	级别
550	H400×300、H400×200	不宜小于200,宜等间距布置	Q235B和Q345B
700	H500×300、H500×200		
850	H700×300		

为保证施工质量,应加强过程管控,施工过程中关键参数和施工完成后质量检测标准规定见表1-10。

TRD主要质量控制标准 表1-10

内容	项目	控制标准
切割液	未凝固泥浆的重度	$(1.6\pm0.1)kN/m^3$
	材料	膨润土
固化液	注入率偏差	≤10%
	掺入比	20%
	水灰比	1.2~1.4
	材料	P·O 42.5水泥
	注入压力	2MPa
	流动度	150~280mm
质量控制	28d无侧限抗压强度	>0.8MPa
	28d抗渗性	$<1\times10^{-7}cm/s$
	垂直度偏差	<1/250
	定位偏差	±25mm
	墙厚偏差	±30mm
	墙深偏差	±30mm

1.2.4 TRD 工法用途

如前所述,TRD 工法将原位土体与水泥浆液搅拌混合后,TRD 的强度和抗渗能力得到了大幅提升,从而形成不透水层,满足相关工程的抗渗与支护需求。该方法首先提高了原位土体抗渗能力,可将 TRD 用作基坑、垃圾填埋场等对抗渗能力要求高的工程,作为止水帷幕,保证工程和周围环境安全。该工法提高了土体的强度,可将 TRD 垂直交叉连接,从而提高地基承载力,保证上覆荷载的稳定性。目前,将 TRD 作为新型初期支护结构,是能够节约工期和施工成本的应用方向,也是 TRD 工法发展的趋势,但是需在 TRD 体内部插入 H 型钢,提高水泥土的刚度,这将充分发挥 TRD 工法的优势。

1.3 国内外研究现状

TRD 工法作为深层混合技术的一种,其研究现状与深层混合技术的发展密不可分。20 世纪 80 年代末,深层混合技术的发展和实践只在日本和北欧少数国家。20 世纪 90 年代,该技术发展至美国、东南亚和中欧地区。TRD 工法自发明后,多次在深层混合工法的相关会议中被讨论和研究。前人对 TRD 开展了的研究,多集中在水泥土性能的室内试验研究和工程应用研究,积累了大量实践成果。

1.3.1 TRD 质量影响因素研究现状

TRD 有效的止水性能是该工法重要特点之一,高质量的墙体是良好止水性能的保障。该工法是通过 TRD 施工设备主机的链刀切削和搅拌混合各地层,因此,其影响成墙质量的因素众多且复杂。前人对不同工法和水泥性能影响因素开展了深入研究。

Bellato D 总结了前人关于深层搅拌法(DMM)研究成果,认为目前没有广泛适用的基于固化剂、土壤、混合和固化条件的成墙质量估算公式,但是可通过试验室制备试样的力学行为,获得其相关性,而且由于现场遇到的特殊混合、养护和底土条件,在大多数情况下试验与现场混合存在显著差异。

Kitazume M 和 Terashi M 认为水泥土的强度受多种因素的影响,包括原始土的性质和层理、黏结剂的种类和用量、养护条件和混合过程,工艺设计、生产过程中的质量控制和质量保证是深层搅拌工程的关键。质量保证基于原始土壤的土壤特性,包括生产前、生产中和生产后的各种活动。

Evans J 等人研究了水泥土墙在英国和美国的大量工程应用,认为矿渣水泥-膨润土技术很容易被美国的设计师和承包商采用。大约 20% 的胶凝材料与 80% 的泥浆(其中胶凝材料是大约 25% 的波特兰水泥和 75% 的矿渣)混合后,形成的屏障水力传导度小于 1×10^{-7} cm/s。

张凤祥等人总结了 SMW 工法的概况,基于水泥类固化材料加固原理,研究了土壤性能参数和环境条件对水泥土强度和抗渗能力的影响,并获得了 SMW 工法设计方法。

宋新江等人开展了多头小直径水泥土搅拌桩截渗墙研究,通过研究水泥土加固机制,分别研究了水泥含量、养护时间对水泥抗压强度和抗渗能力影响,深入研究了水泥土力学特性,研制出了水泥土多功能三轴仪。

1.3.2　TRD 抗渗性研究现状

顾慰慈以闸坝为例，研究了渗流计算的基本方法及其原理，包含渗流计算的直接解法、复变函数法、流网法等，详细讲解了计算方法和步骤，通过试验数据，与计算结果比较，为渗流计算提供了较为详细的参考。

欧阳健基于超深基坑 TRD 落底式止水帷幕条件下地下水渗流特性及数值模拟，提出了基岩等效渗透系数的概念，用来综合表征中风化岩层的渗透特性，借助 SEEP/W 软件通过数值分析，利用试验实测值进行校验，得到了针对武汉地区 TRD 落底式止水帷幕条件下基坑工程降水设计的经验公式。

1.3.3　TRD 支护机理研究

TRD 的支护机理影响基坑的变形规律、内力计算、稳定性等关键参数，前人通过不同方法研究了水泥土墙体的支护机理，获得了较多的理论和成果。

Nishanthan R 等人研究了深层水泥搅拌法（Deep Cement Mixing，简称 DCM）的支护机理，该研究基于非线性多孔介质耦合理论，采用三维有限元模型分析了插入型钢的 DCM 墙的基坑工程，将计算的侧向变形与现场实测结果进行对比，验证了数值模拟的准确性。通过改变型钢之间的间距、壁厚和初始侧土压力，对 DCM 墙体在支护开挖中的可行性进行了参数研究，提出了在 DCM 墙体内选择最有效的钢包裹体几何排列的准则。

Waichita 等人提出了一种新的基于性能的设计概念来表征 DCM 墙体的水平位移，以及墙体位移对墙体强度的响应，确定了墙体对材料强度的响应性以及不同开挖深度对墙体性能的影响，提出了墙-开挖形状因子作为设计概念的方法，该因子有效表征了墙体水平位移和位移对墙体强度的响应，并应用于 DCM 墙的设计，有助于分析开挖失败的原因。

房建伟通过有限元软件计算分析了传统工法与 TRD 工法的承载变形形状、型钢等间距设置前后围护结构的受力变形、型钢与水泥土的弯矩及应力分布与支撑抗力变化。型钢等间距设置的新型 TRD 工法减小了局部剪切薄弱面，水泥土刚度贡献率高，水平向受力均匀，型钢与水泥土在外力下的变形更协调，优于传统工法更有利于结构的安全稳定。

王卫东和胡耕等人，提出了“墙桩一体”的支护形式，即地下室外墙基坑围护桩与地下室外墙共同作用作为正常使用阶段的地下室侧壁挡土结构，可减少地下室外墙的厚度和基坑面积，具有良好的社会经济效益。并利用现场实测和数值模拟方法研究了基坑变形特点，得出了有效的监测方法、实测数值小于计算数值等具有应用价值的一系列结论。

1.3.4　TRD 成墙稳定性研究

TRD 槽壁稳定性既是保证主机稳定的安全基础，也是确保施工质量的前提。槽壁稳定的研究方法主要包括极限平衡法、强度折减法和有限元分析法，三种方法各有优势，前人做了详细的研究。

Nash 和 Jones 根据泥浆的静压力和阻止楔形土滑动所需的力之间的平衡，提出了一种充满泥浆的槽壁稳定性理论，将槽壁失稳假设为楔形体，这是第一个槽壁失稳的二维几何形状，并且考虑了失效楔块和平面滑动面。

Morgenstern 和 Amir-Tahmasseb 在 Nash 和 Jones 的 2D 楔形体破坏模型基础上,将静水压力引入槽壁稳定性计算中,并利用该结果对滑坡体分析,认为在无黏性土中,只要用正确的密度来计算滑坡体的静水压力,就可以得到滑坡体槽的真实稳定性。

Tsai 和 Yang 基于极限平衡和拱理论,对无黏性土中泥浆支撑的海沟进行了三维分析。该分析方法是将土槽稳定性问题考虑为在假定的半筒仓内的垂直土槽,周围为粗糙的墙。拱效应不仅在垂直方向上考虑,而且在水平方向上也考虑。根据莫尔-库仑准则,确定了滑体的壳形滑动面。安全系数定义为泥浆压力引起的抗力与保持沟壁稳定所需的水平力之比,并与现有的两种分析方法的结果进行了比较,表明该方法的计算结果更加准确。

Fox 采用库仑力平衡分析方法,提出了带张拉裂隙的和楔形体破坏模型,导出了排水在有效应力和不排水总应力条件下,各工况的安全系数和临界破坏角的解析解。该计算方法能适应不同的沟槽深度、沟槽长度、泥浆深度、地下水位、超载、张裂缝深度和张裂缝内流体水平,该研究结果与现场试验结果吻合良好。

DiBiagio E 和 Myrvoll F 开展了大尺寸现场试验,在软黏土中挖出一条宽 1m、长 5m、深 28m 的试验泥浆沟,用来测量周围地面的沉降和侧向变形以及孔隙压力。沉降量和沟槽宽度变化表明,泥浆密度从 1.24t/m^3 降到 1.10t/m^3,槽壁抗破坏的整体稳定性好,周边土体的蠕变基本与实测一致,但其发展速度不随时间的增大而增大。

Piaskowski 和 Kowalewski 在研究触变性黏土悬浮液在无支撑的深基坑开挖和竖向水密抗渗墙中的适用性中,首次提出了三维抛物线破坏模型,并在理论分析和现场实验研究基础上,对泥浆填充槽壁的垂向稳定性进行研究,获得了槽壁稳定性计算公式,认为滑块体宽度与槽长和土体内摩擦角有关。

Malusis 等人研究了土壤-膨润土抗渗墙在美国常用来控制地下水流动和地下污染物迁移。在试验中,设计、建造了一条长 194m、深 7m、宽 0.9m 的土壤-膨润土抗渗墙,结果表明,该墙结构良好,随着超孔隙压力的消散,充填体的有效应力随时间逐渐增加,在邻近墙体处继续出现向内位移。进行现场测试和取样,研究回填体的水力和强度特性随位置、深度、规模和时间的变化规律。

夏元友等人以经典二维楔形滑块体模型为研究对象,提出了地下连续墙泥浆护壁稳定性评价的水平条分法,建立了满足条块力平衡的 3M 方程评价模型和同时满足力平衡和力矩平衡的 4M 方程评价模型,提出了求解方法,并验证了 3M 方程模型的有效性和条分法提出的必要性。

李育超等人提出了一种使用库仑力平衡法评估倾斜地表内泥浆槽壁稳定性的方法。通过对示例槽壁的参数研究,研究了地面倾斜度对槽壁稳定性和关键破坏面角度的影响。认为安全系数随着地面倾斜度的增加而大大降低,在分析槽壁稳定性时应考虑地面倾斜角度。

TRD 工法由众多深部混合工法发展而来,大量的关键参数常借鉴其他工法,导致在 TRD 工法中应用不够准确,因此,为了更好地推广和应用该工法,需重点围绕 TRD 抗渗和支护机理,开展研究,并需注意以下几点:

(1)影响成墙质量因素众多且复杂,成墙质量决定了止水和支护效果,如若成墙质量不佳,轻则抗渗止水失效,重则引发基坑侧壁坍塌,这将对社会产生极其恶劣的危害和影响。

(2)混合均匀性影响了基坑涌水量,也决定了施工成本和难易程度,如何在最低施工成本条件下,满足止水要求,将在经济和技术层面影响该工法的应用。

(3)内插型钢的 TRD 作为“墙桩一体”新型支护形式,大量运用数值计算模拟基坑变形情况,未有显性公式对各关键物理参数计算,且型钢间距也借鉴 SMW 工法,未对 TRD 工法开展专项研究。

(4)施工期间稳定性是施工质量的基础,因 TRD 施工设备自重大,且在槽壁一侧近距离连续施工,极易引发设备主机失稳,其稳定性与槽壁上覆荷载、槽壁土体强度、槽内混合泥浆性能等密切相关。现有研究未对 TRD 工法开展系统的理论研究。

1.3.5 本书研究内容

(1)成墙质量影响因素研究。基于室内试验,研究水泥掺量、综合含水率和龄期对水泥土强度和抗渗能力的影响。

(2)混合均匀度成墙体抗渗能力的影响。基于相似理论,研发了 TRD 混合过程模型试验装置,通过模型试验对影响混合均匀度的重要参数开展研究,分析混合时间与混合均匀度的关系,确定最佳混合时间和经济的垂直切削速度;采用 COMSOL Multiphysics 有限元软件,研究混合均匀度对不同厚度和入土深度的 TRD 抗渗能力的影响。

(3)内插型钢 TRD 支护机理和水平位移研究。建立了内插型钢 TRD 受力模型,通过分析和数值推导,获取型钢顶部自由和约束状态下的应力、力矩、转角和水平位移计算公式。以水泥土和型钢协调变形为边界条件,研究了水泥土变形和破坏特征,通过分析型钢拔出机理,总结不同减摩剂性能;以小尺寸型钢为研究对象,开展了不同水泥掺入比的型钢推出试验,获取不同水泥掺入比的型钢拔出特征曲线。在青岛地铁南岭路站 C2 出入口开展现场试验,验证上述公式计算准确性,为 TRD 关键参数设计提供一定理论依据。

(4)施工过程中槽壁稳定性研究。通过分析 TRD 工法槽壁失稳形态和泥浆性能,基于极限平衡法,获得等厚水泥土墙槽壁安全系数计算公式和典型变化曲线,提高浅层安全系数,保证浅层槽壁稳定。

本书依托青岛地铁 1 号线工程实践,结合上述研究成果,对 TRD 工法设计进行优化,构建形成了保证基坑高效抗渗的 TRD 设计方法和成墙质量检测方法。

第2章　TRD成墙质量影响因素研究

墙体质量检查主要采用水泥固化后的钻孔取芯、注水试验、声波检测、地质雷达等方法，如图2-1所示，以上检测方法均在TRD施工结束28d后实施，这使得TRD施工过程中成墙质量无法检测，仅靠工程经验判断。因该工法连续地下切削作业，具有隐蔽性，当出现某些因素影响成墙质量时，往往致使止水帷幕失效，同时需增加后续补救措施，不仅补救过程复杂，效果难以保证，而且大大降低了TRD的止水效果，严重影响了施工安全和工程进度。

a)钻孔取芯

b)注水试验

图2-1　墙体质量检查方法

TRD工法作为深层混合技术的一种，可将各类深层混合技术中对墙体质量的影响因素作为研究基础来开展深入研究。Babasaki、Yoshizawa和Terashi为了研究众多深层搅拌技术对原位土改良程度的影响因素，开展了大量的室内和现场试验，获得了大量的试验数据。由于各类深层混合技术不同，试验涉及了复杂的机械、水力和化学相互作用等阶段，因此人们发现许多因素在强度、渗透性和刚度特性方面影响着水泥土的质量，并总结出在各类深层混合技术中，影响水泥土的主要影响因素，见表2-1。通常情况下，在常规深层混合处理完成后，唯一可以“监控”的养护参数是养护时间，因为养护温度和湿度在现场很难测量。

影响土壤改良的因素　　表2-1

编号	特性和条件	影响因素
Ⅰ	固化液特性	(1)固化液种类 (2)固化液数量 (3)混合水和外加剂
Ⅱ	土壤特性和条件	(1)土壤的物理、化学和矿物学特性 (2)有机物含量 (3)孔隙水pH值 (4)含水率

续上表

编号	特性和条件	影响因素
Ⅲ	混合条件	(1)混合程度 (2)混合时间或二次混合时间 (3)固化液掺入量 (4)水灰比
Ⅳ	养护条件	(1)温度 (2)养护周期 (3)湿度 (4)围岩压力 (5)干湿循环、冻融循环等

TRD 墙体由水泥土构成，对于内插 H 型钢的墙体，型钢材料性能稳定，对墙体质量影响主要为施工时的插入的垂直度和深度影响，本章不作讨论，将在第 4 章中进行阐述。本章主要为影响水泥土性能的因素开展研究，针对 TRD 工法特点，结合前人研究成果，对影响成墙质量因素开展以下研究，具体如图 2-2 所示。

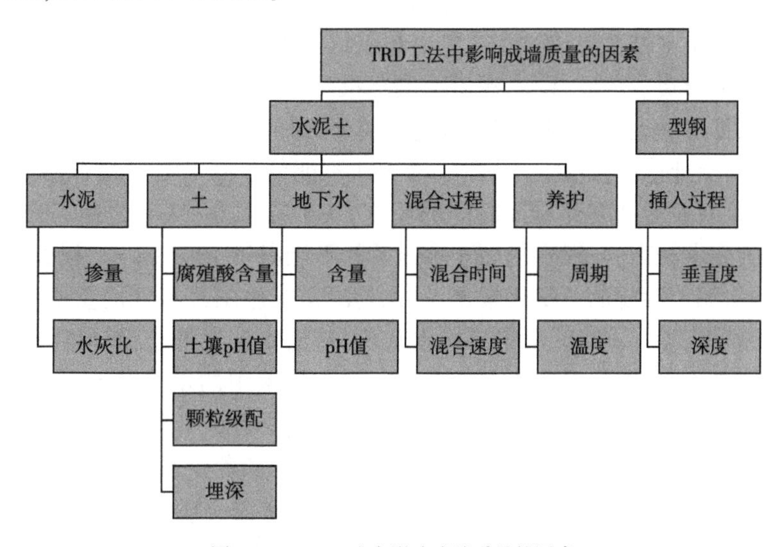

图 2-2 TRD 工法中影响成墙质量的因素

各类材料性能是决定水泥土性能的基础。其中，土体和地下水性能受地质条件控制，不同地区和层位差异性较大，影响土体与水泥的化学反应，进而影响墙体质量；水泥土中水泥含量是影响墙体质量的直接因素，水泥与土体的化学反应过程，是将土颗粒再次固结的过程，也是提高混合后水泥土强度和抗渗能力的过程。

如图 2-3 所示，水泥土是由土壤粒、水和水泥通过机械混合形成，因此，影响水泥土性能的因素主要为土体、地下水、水泥、水泥与土体的化学反应和混合过程。作为影响水泥土质量的关键因素，水泥掺量是影响墙体总质量的直接因素，含水率和养护周期是保证墙体质量的关键因素，本章以各类材料配合比参数为研究对象，针对青岛地区地层开展试验研究，分别对水泥掺量、含水率和养护时间对水泥土强度和抗渗性进行研究，并通过收集资料，研究了其他因素对水泥土质量的影响，提出了改进措施和方法，为提高 TRD 墙体质量提供一定借鉴。

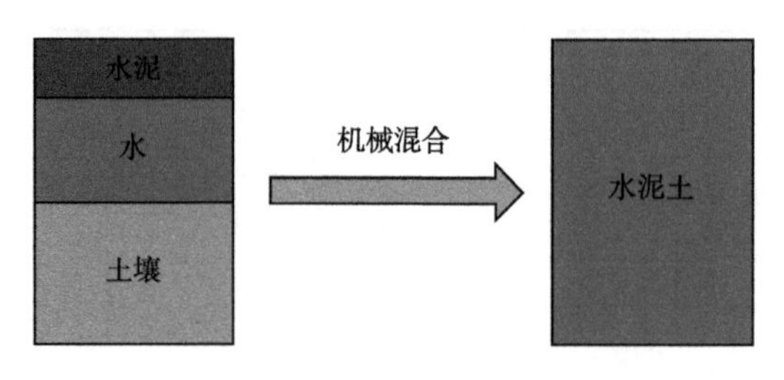

图 2-3　TRD 工法水泥土形成过程示意图

2.1　试验方案设计

理论而言,降低水灰比、增加水泥掺量可以提高 TRD 的强度和抗渗性,但是由于实际施工时水泥搅拌站距离 TRD 主机动辄数百米,过小的水灰比和过大的水泥掺量会影响施工中注浆管路输送水泥浆的能力。固化液体含水率低,搅拌过程中液相挟带颗粒能力不足,不利于成墙过程中各土层充分混合,固化液和土层搅拌不均匀,导致搅拌墙水泥含量分布不均匀。水泥作为固化液的主剂,在止水帷幕成墙过程中主要起胶结抗渗的作用,过量的水泥会出现水泥强度组分过剩,造成材料浪费。因此,国家建议明确标准对 TRD 工艺参数和成墙以后的性能提出了具体要求,应根据实际地层的相关参数确定所需要添加的水泥量,并保证成墙以后墙体的强度可以满足基坑安全开挖的强度要求,即成墙 28d 不能低于 0.8MPa,最低掺入比为 20%,水灰比的选择要满足浆液流动度和凝固时间的要求,一般在 1.0～2.0 之间。TRD 作为止水帷幕,对其抗渗性的要求较高,一般要求 28d 渗透系数不能高于 10^{-7}cm/s。根据前人研究成果,水泥掺量是影响水泥土性能的关键因素之一,也是决定其施工经济性的重要因素,因此,将其作为本试验研究内容之一。地下水将影响水灰比,造成水灰比低于设计值,影响最终治理效果,因此引入综合含水率,综合含水率是地下水与水泥浆液中的水之和的占比。在试验中,所使用的砂土,全部烘干后使用,仅由水泥浆液的水表示综合含水率。

水泥土由水泥固化土体后形成,水泥土性能也与龄期和养护条件有关。水泥土为地下原位搅拌混合,其养护条件由地质条件决定,为了模拟原位水泥土掩护条件,根据实际地质条件,选择养护温度为(20±5)℃,湿度应不低于 50%。在固定的养护条件下,开展龄期对水泥土性能影响的试验研究。

为了研究 TRD 工法在青岛地区富水砂层中采取不同工艺参数对水泥土搅拌墙性能的影响趋势,开展室内试验,获得水泥土体系中不同组成部分数量的改变对水泥土强度和抗渗性的影响趋势。

2.1.1　试验研究内容

水泥土渗透系数的大小主要是由水泥土中水化产物对水泥土中渗流通道的封闭情况决定的,以综合含水率和水泥掺量为主要影响因素制作水泥土试块,通过测试水泥土渗透系数随龄期的变化趋势,研究不同综合含水率、水泥掺量和龄期对水泥土抗渗性的影响规律,研究设计试验配合比见表 2-2。

配合比试验内容　　表 2-2

影响因素	范围
水泥掺量	5%、10%、15%、20%、25%、30%
综合含水率	28%、33%、38%、43%、48%
龄期	7d、28d、90d

2.1.2　试验材料

试验用水泥为 P·O 42.5 普通硅酸盐水泥，各项参数见表 2-3、表 2-4 和图 2-4。

试验用水泥化学组分表　　表 2-3

水泥名称	烧失量	SiO_2	Fe_2O_3	Al_2O_3	CaO	MgO	SO_3
P·O 42.5	0.56%	19.45%	4.42%	5.84%	63.31%	4.38%	2.6%

试验用水泥基本物理力学性能　　表 2-4

水泥名称	比表面积 (m^2/kg)	初凝时间 (h)	终凝时间 (h)	3d 抗压强度 (MPa)	28d 抗压强度 (MPa)
P·O 42.5	385	15.1	21.5	4	13

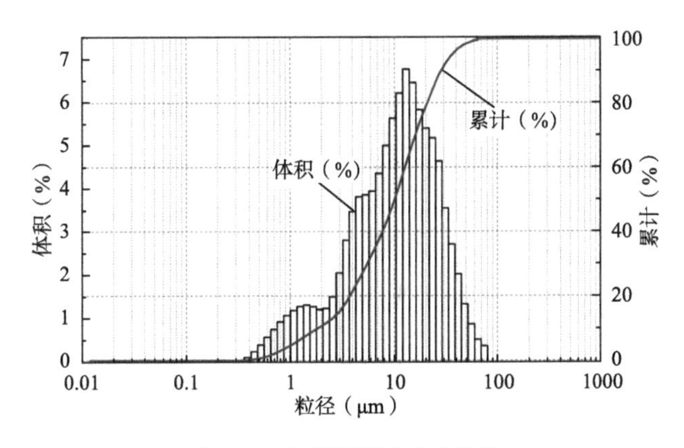

图 2-4　水泥颗粒粒径分布曲线

各类深层混合技术的固化液主要分为石灰类和水泥类两大类，依据相关设计规范和标准，TRD 工法对墙体强度有一定要求，石灰类较难满足，因此，固化剂的材料主要为水泥类固化液，常见的固化液和矿物添加剂中 CaO、SiO_2 和 Al_2O_3 的相对百分比如图 2-5 所示。

水泥类固化剂的种类繁多，前人已对各类水泥的固化效果进行了大量的研究。目前，普通硅酸盐水泥，因其具有较好的经济性，成为 TRD 工法的主要固化液。水泥水化反应过程中，与土颗粒相互作用，可以提高土体的强度和抗渗性能。相关化学方程式如下。

硅酸三钙水化：$3CaO \cdot SiO_2 + nH_2O \longrightarrow xCaO \cdot SiO_2 \cdot yH_2O + (3-x)Ca(OH)_2$

硅酸二钙水化：$2CaO \cdot SiO_2 + mH_2O \longrightarrow xCaO \cdot SiO_2 \cdot yH_2O + (2-x)Ca(OH)_2$

铝酸三钙水化：$3CaO \cdot Al_2O_3 + Ca(OH)_2 + 12H_2O \longrightarrow 4CaO \cdot Al_2O_3 \cdot 13H_2O$

式中，$x = CaO/SiO_2$。

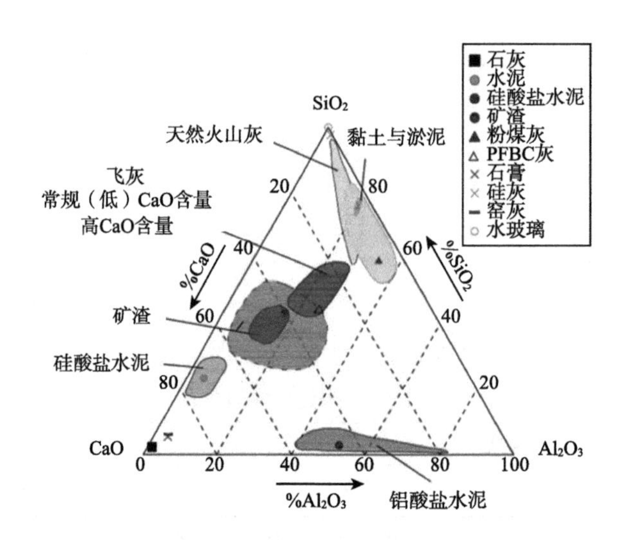

图 2-5　常见的固化液和矿物添加剂中 CaO、SiO_2 和 Al_2O_3 的相对百分比

黏土、水泥、矿渣和水之间的化学反应如图 2-6 所示。

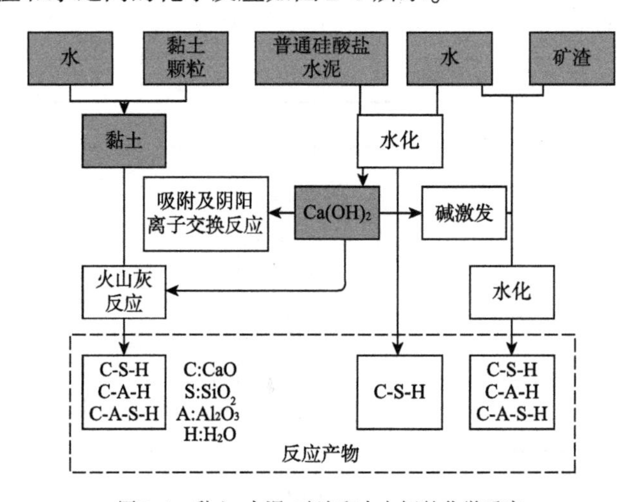

图 2-6　黏土、水泥、矿渣和水之间的化学反应

参与反应的水泥量的多少，将影响土壤的固化反应，进而影响墙体质量。在 TRD 施工过程中，水泥以水泥浆液的形式注入地层，水灰比将成为另外一个比较重要的因素。

(1)水泥掺量

水泥掺入比是反映水泥掺量的参数，是指每立方米原状土所掺入的水泥体积。不同地区的水泥掺入量不同，需通过试验测试相应掺入量，来确定是否满足墙体强度和抗渗能力要求。

$$\alpha = \frac{V_c}{V_s} \times 100\% \tag{2-1}$$

式中：α——水泥掺入比(%)；

V_c——水泥体积(m^3)；

V_s——原状土的体积(m^3)。

如图 2-7 所示，水泥掺量越多，水泥土的单轴抗压缩强度越高，然而，根据前述规范要求，混合后水泥土的单轴无侧限抗压强度大于 0.8MPa 即可。

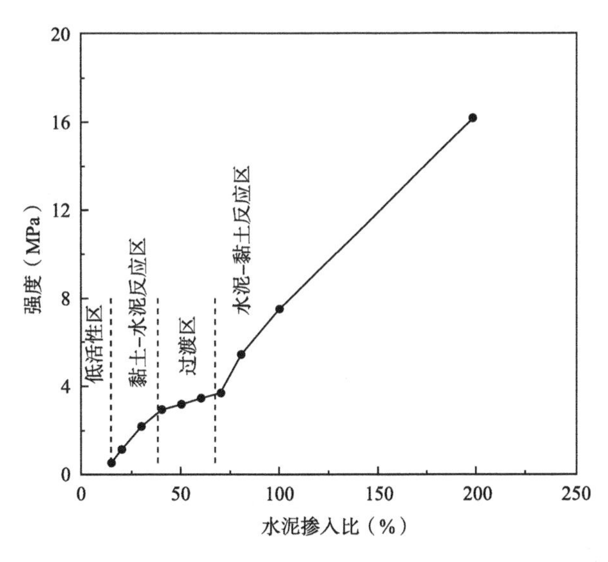

图 2-7　水泥掺量与水泥土强度关系

(2)水灰比

地下水将影响水灰比,为了考虑混合物中的有效水量,Horpibulsuk 建议采用的总水灰比,如图 2-8 所示,即考虑地下水对水泥土的影响后,计算的水灰比,这避免了固化后土体强度受天然含水量的影响。这与本章采用的综合含水率计算水灰比是一致的。本试验根据综合含水率的要求,按照水泥掺量,设计水灰比,水灰比控制在 1.0~2.0 之间。

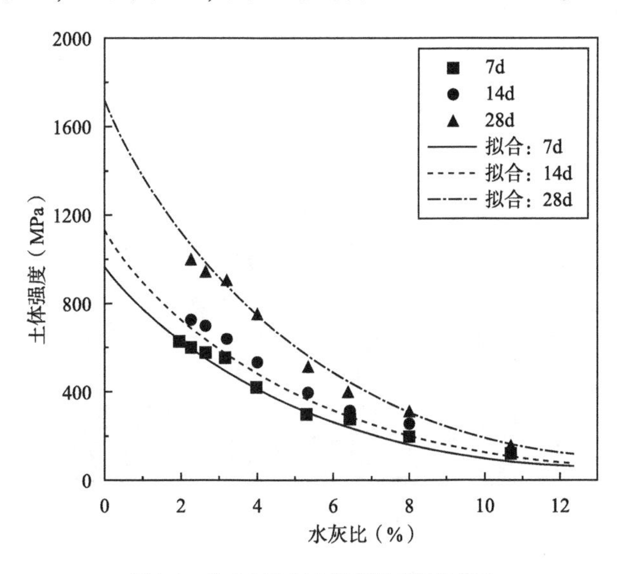

图 2-8　总水灰比与土体强度的经验关系

(3)土体参数

为选取青岛地区典型黏土层,在青岛地铁 1 号线南岭路站开挖工程中,采集青岛地区第四纪黏土,通过土壤颗粒级配筛分试验,实测含水率 20.2%,黏土含量为 14.91%,土层颗粒级配曲线如图 2-9 所示，试样颗粒组质量分数见表 2-5。同时，测试原位土壤干密度和湿密度，用于后续试验中，水泥掺量的配合比试验。

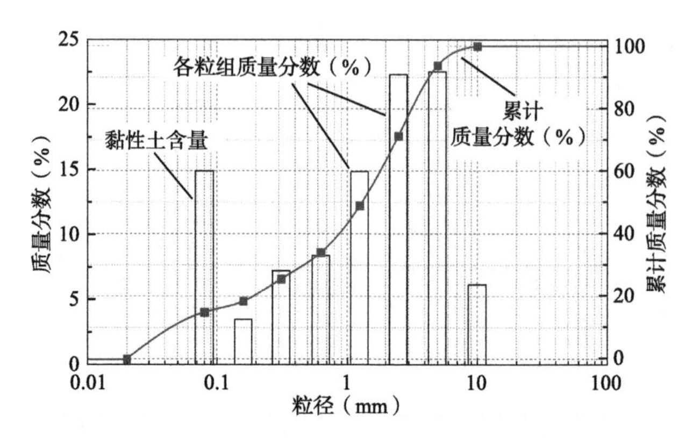

图 2-9 土层颗粒级配曲线

土层各粒组质量分数表

表 2-5

粒径大小(mm)	<0.075	0.075～0.16	0.16～0.315	0.315～0.63	0.63～1.25	1.25～2.5	2.5～5	5～10
含量(%)	14.91	3.50	7.27	8.43	14.86	22.33	22.53	6.18

2.1.3 试块制作与养护

现场采集原状土，烘干后备用，根据原状土干密度和试验参数设计值，计算水泥掺量和水灰比，采用 NJ-160 水泥净浆搅拌机（图 2-10），将水泥浆和原状土搅拌混合均匀，每搅拌 1min 后，将搅拌头上黏结的水泥土取下，放入搅拌桶内，继续搅拌 5min 后，停止搅拌，将水泥土取出，进行试块制作。

图 2-10 水泥净浆搅拌机

1）试样制作

（1）试验室内温度应稳定在（20±5）℃，湿度大于 50%。

（2）在模具内涂抹脱模剂，也可使用润滑油或者凡士林替代，减少脱模时对试样的破坏。

（3）充分搅拌混合均匀的水泥土，应在 10min 内完成模具装填，为保证试样一致，应对每项试验内容的水泥土称重，振捣过程中，应分层多次振捣，保证最终试样的高度一致。

(4)试验中所用磨具尺寸为 50mm×100mm，如图 2-11 所示，因此，所有试样尺寸一致，无侧限抗压强度试样尺寸为 50mm×100mm，渗透系数测试试样尺寸为 50mm×50mm，每组试验制作试样不少于 3 个。

图 2-11 水泥土制作模具

2)试样脱模与养护

(1)试验制作 24h 后，开始脱模，并将试样周围多余部分去除，保证试样外表面平整，如图 2-12所示，将试样称重，计算每个试验内容中试样平均值，以平均值的 ±3% 为标准，超过该数值的试样，应舍弃并重新制作。

图 2-12 水泥土试样

(2)因 TRD 通常作为止水帷幕，其工作环境多为水下，因此试样制作完成后，放入纯净水中养护至设计龄期，温度恒定 20℃。

2.2 强度影响因素研究

无侧限抗压强度 q_u 是衡量 TRD 墙体质量的重要指标之一，使用 YAW-100B 单轴压力试验机，测试水泥土试样无侧限抗压强度如图 2-13 所示。

a)单轴压力试验机

b)水泥土强度检测

图 2-13　测试水泥土试样无侧限抗压强度

强度计算公式如下：

$$q_u = \frac{q}{A} \tag{2-2}$$

式中：q_u——强度(Pa)；

q——试样破坏时的最大轴向压力(N)；

A——试样的截面积(m^2)，$A = \frac{1}{4}\pi D^2$；

D——水泥土试块的直径(mm)。

水泥对土体物理力学性能的优化改良主要来自于水泥与水发生水化反应生成水化产物提高土体颗粒的胶结强度，从微观角度考虑，水泥土结构主要是水泥水化反应产生的水化产物与砂土颗粒相互胶结包裹或者充填砂土颗粒间的孔隙。水泥水化产物胶结土体颗粒成为整体，并且降低孔隙率，由于土体颗粒间黏聚力增加，颗粒之间更难发生错动，土体的整体性更强，最终表现为水泥土强度增大。由于水泥土的主要组成部分为水、水泥和土，当土体颗粒级配确定时，影响水泥土最终强度的主要因素就是水泥土中的综合含水率和水泥含量，因此研究主要以综合含水率和水泥掺量作为主要影响因素来考虑其对水泥土强度的影响。

作为影响水泥土强度的关键因素，水泥掺量是影响墙体总质量的直接因素，含水率和养护周期是保证墙体质量的关键因素。水泥土强度试验综合含水率的设计值分为28%、33%、38%、43%和48%五种，水泥掺量的设计值分为20%、23%、26%、29%和32%五种，试块分别养护至7d、28d和90d后测试其强度，将测试结果整理成见表2-6。

水泥土强度测试结果　　表 2-6

综合含水率(%)	水泥掺量(%)	7d 强度(MPa)	28d 强度(MPa)	90d 强度(MPa)
28	5	0.41	0.65	0.72
28	10	0.71	0.92	1.05
28	15	1.05	1.26	1.37
28	20	1.42	1.65	1.71
28	25	1.78	2.05	2.12

续上表

综合含水率（%）	水泥掺量（%）	7d 强度（MPa）	28d 强度（MPa）	90d 强度（MPa）
28	30	1.92	2.15	2.26
33	5	0.35	0.56	0.68
33	10	0.62	0.84	0.95
33	15	0.94	1.05	1.17
33	20	1.32	1.56	1.62
33	25	1.72	2.01	2.09
33	30	1.88	2.08	2.18
38	5	0.29	0.41	0.57
38	10	0.56	0.72	0.81
38	15	0.86	0.94	1.09
38	20	1.21	1.36	1.49
38	25	1.56	1.86	1.96
38	30	1.62	1.94	2.06
43	5	0.24	0.41	0.65
43	10	0.48	0.57	0.74
43	15	0.72	0.88	1.04
43	20	1.18	1.26	1.39
43	25	1.42	1.76	1.82
43	30	1.51	1.78	1.96
48	5	0.19	0.38	0.59
48	10	0.32	0.48	0.68
48	15	0.68	0.76	0.98
48	20	1.01	1.16	1.28
48	25	1.32	1.54	1.71
48	30	1.41	1.69	1.82

2.2.1　水泥掺量影响结果分析

整理水泥土强度试验结果，将水泥掺量与水泥土强度的关系绘制成曲线，如图 2-14 所示，与前人测试结果相似，水泥土强度与水泥掺量为正相关关系；综合含水率降低了水泥土强度，且影响水泥土强度的增加速率，为保证水泥土强度，应以综合含水率替代水灰比，研究现场水泥土强度。通过测试，掺量为 20% 的试样，在任一综合含水率的情况下，均能满足 TRD 关于墙体强度的要求，因此，针对青岛地区，建议水泥掺量为 20% 。

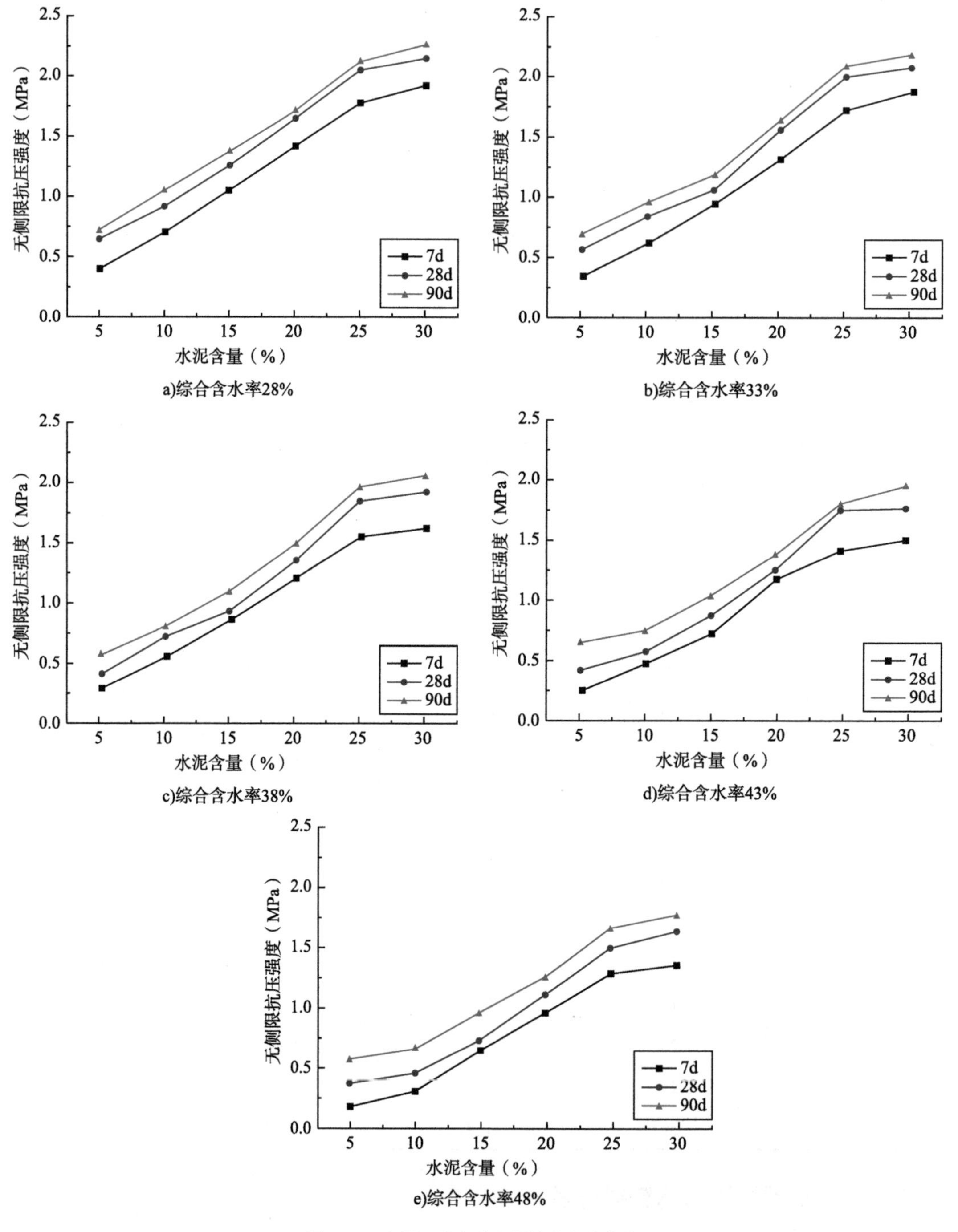

图 2-14 水泥土强度随水泥掺量变化曲线

2.2.2 综合含水率影响结果分析

如图 2-15 所示，综合含水率的提高，降低了水泥土的强度；当水泥掺量相同，水泥土的强度与综合含水率呈现负相关，且随着水泥掺量的不断提高越发显著，因此，在 TRD 施工时，应综合考虑地层含水率后，确定水灰比，在满足水泥浆液输送的条件下，应尽可能地降低水灰比，有利于水泥土强度的增长。

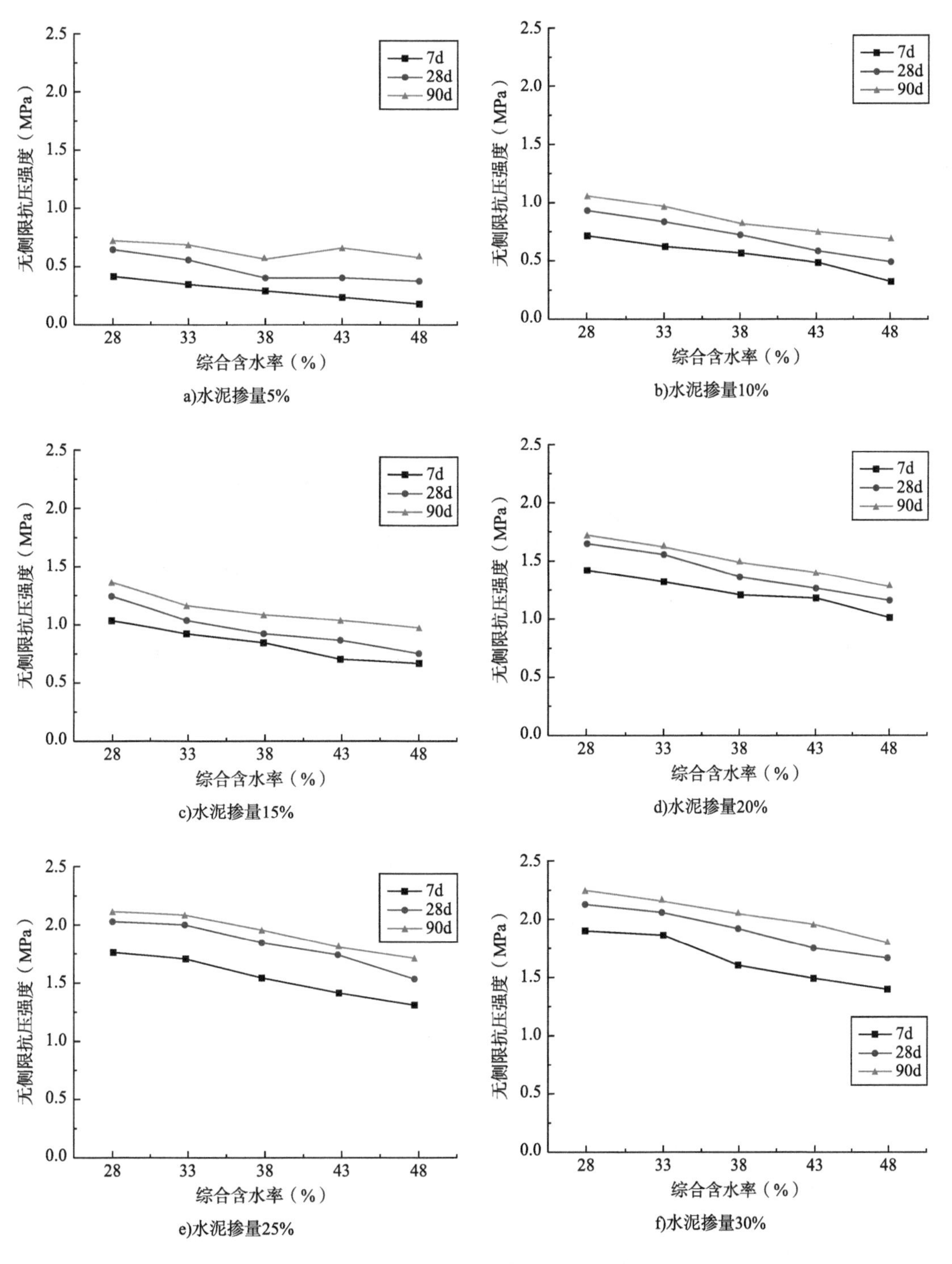

图2-15　水泥土强度随综合含水率变化曲线

2.2.3 龄期影响结果分析

Kawasaki 等人通过试验,获得了水泥土无侧限抗压强度随着龄期的增加而变化曲线。在试验中,来自日本东京、千叶、神奈川和爱知四种的原状土,分别用 10%、20% 和 30% 的普通硅酸盐水泥进行固化处理。无侧限抗压强度随着养护时间的延长而增大,这与土质类型无关,随着养护时间的延长,强度的增大更有利于采用大量的水泥来稳定土体。对于普通硅酸盐水泥或 B 型高炉矿渣水泥的稳定土,也获得了类似的试验结果。

控制综合含水率相同,取不同水泥掺量下的水泥土强度平均值,绘制在龄期的作用下不同综合含水率的水泥土强度变化规律,如图 2-16 所示,水泥土强度与龄期正相关,且增长速率越来越慢,龄期对水泥土强度的影响低于水泥掺量和综合含水率对其的影响。28d 龄期后,水泥土的强度仍在增加,且增加较大,然而从工期角度考虑,20% 水泥掺量的试样,28d 后的强度均可满足 TRD 关于强度的设计要求。

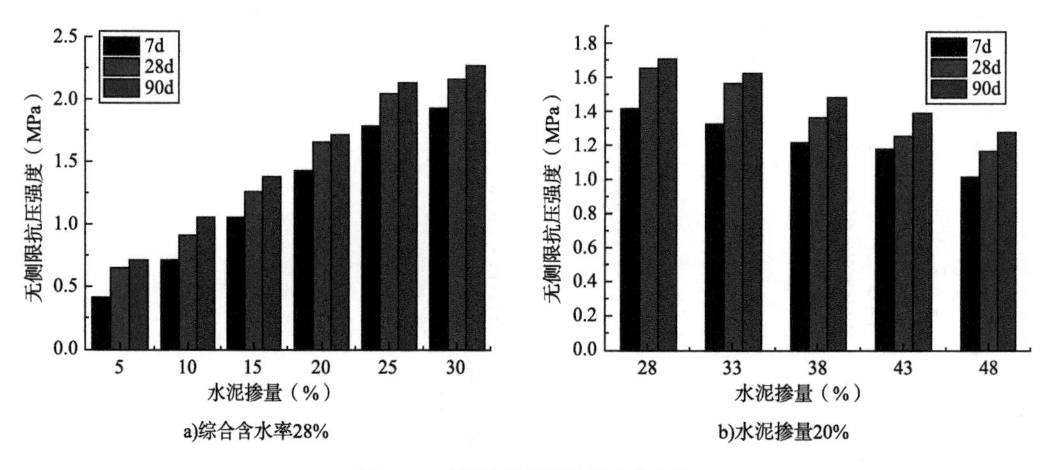

图 2-16 水泥土强度随龄期变化曲线

2.3 渗透系数影响因素研究

渗透系数 k 是评判水泥土抗渗性大小的主要依据,采用尔岩石渗透仪(图 2-17)测试渗透系数 k,试验为常水头法,测试原理为达西定律。

$$Q = kiAt = k \times \frac{h}{L}At \tag{2-3}$$

式中:Q——时间 t 内通过试块表面的水的流量(m^3);

k——渗透系数(m/s);

i——水力梯度;

A——试块过水断面截面积(m^2);

t——时间(s);

L——试块长度(m)。

因此渗透系数 k 为：

$$k=\frac{QL}{hAt} \tag{2-4}$$

图 2-17　岩石渗透仪

水泥土的渗透系数主要是由水泥土中孔隙的数量、大小和封闭程度决定的，影响水泥土最终孔隙形成情况的主要因素是原状土的颗粒级配和水泥水化产物数量。青岛地区富水砂层透水性强，水泥对于原状土抗渗性的改善主要是由于水化产物胶结土体颗粒并填充颗粒间孔隙，提高了水泥土密实度，降低了水泥土中渗流通道，从而提高抗渗性；水在水泥土体系中会形成孔隙增加渗流通道，从而降低抗渗性。研究主要以水泥掺量、综合含水率和龄期为影响因素，通过配合比试验，研究各因素对水泥土最终抗渗性的影响。水泥掺量的试验内容为 5%、10%、15%、20%、25% 和 30% 六种，综合含水率的试验内容为 28%、33%、38%、43% 和 48% 五种，试块分别养护龄期为 7d、28d 和 90d，测试结果见表 2-7。

水泥土渗透系数测试结果　　表 2-7

综合含水率（%）	水泥掺量（%）	7d 渗透系数（cm/s）	28d 渗透系数（cm/s）	90d 渗透系数（cm/s）
28	5	6.52×10^{-4}	1.72×10^{-4}	6.17×10^{-5}
28	10	5.61×10^{-5}	3.18×10^{-5}	4.81×10^{-6}
28	15	6.14×10^{-6}	2.19×10^{-6}	8.05×10^{-7}
28	20	9.27×10^{-7}	7.38×10^{-7}	3.25×10^{-7}
28	25	8.12×10^{-8}	6.31×10^{-8}	4.28×10^{-8}
28	30	7.01×10^{-8}	4.24×10^{-8}	1.05×10^{-8}
33	5	7.86×10^{-4}	1.62×10^{-4}	7.08×10^{-5}
33	10	6.83×10^{-5}	4.71×10^{-5}	6.26×10^{-6}
33	15	8.52×10^{-6}	6.16×10^{-6}	4.11×10^{-7}
33	20	8.68×10^{-7}	4.15×10^{-7}	5.08×10^{-8}
33	25	7.26×10^{-8}	4.11×10^{-8}	1.28×10^{-8}
33	30	6.12×10^{-8}	3.12×10^{-8}	1.01×10^{-8}
38	5	9.12×10^{-4}	4.18×10^{-4}	1.02×10^{-4}
38	10	7.71×10^{-5}	5.14×10^{-5}	1.12×10^{-5}
38	15	9.28×10^{-6}	7.28×10^{-6}	6.52×10^{-7}

续上表

综合含水率(%)	水泥掺量(%)	7d 渗透系数(cm/s)	28d 渗透系数(cm/s)	90d 渗透系数(cm/s)
38	20	9.68×10^{-7}	5.23×10^{-7}	8.14×10^{-8}
38	25	7.92×10^{-8}	6.13×10^{-8}	1.46×10^{-8}
38	30	5.86×10^{-8}	4.28×10^{-8}	1.13×10^{-8}
43	5	2.18×10^{-3}	7.54×10^{-4}	4.14×10^{-5}
43	10	9.83×10^{-5}	6.28×10^{-5}	7.17×10^{-6}
43	15	1.05×10^{-5}	5.23×10^{-6}	1.24×10^{-7}
43	20	9.12×10^{-7}	5.28×10^{-7}	9.15×10^{-8}
43	25	8.18×10^{-8}	6.54×10^{-8}	3.28×10^{-8}
43	30	6.58×10^{-8}	4.41×10^{-8}	1.08×10^{-8}
48	5	7.22×10^{-3}	8.58×10^{-4}	6.34×10^{-5}
48	10	2.12×10^{-4}	7.14×10^{-5}	2.88×10^{-5}
48	15	9.12×10^{-5}	7.81×10^{-6}	4.21×10^{-7}
48	20	1.18×10^{-6}	8.56×10^{-7}	1.08×10^{-7}
48	25	9.12×10^{-8}	7.31×10^{-8}	4.25×10^{-8}
48	30	8.14×10^{-8}	5.26×10^{-8}	1.07×10^{-8}

2.3.1 水泥掺量影响结果分析

水泥掺量与水泥土渗透系数的关系如图 2-18 所示,水泥土渗透系数随水泥掺量的增加而降低,当水泥掺量较低时,土体接近原状地层的渗透系数,当综合含水率相同时,提高水泥掺量对于降低水泥土渗透系数效果显著,且综合含水率越高时,提高似水泥掺量对于提高水泥土抗渗性的作用越明显。当水泥掺量为 10% 时,试样渗透系数显著降低,水泥掺量继续增加,渗透系数降低速率大幅缩小,当水泥土渗透系数进入 10^{-7}cm/s 后,继续提高水泥土掺量,其渗透系数变化较小,经济性能大幅降低。综合试验结果可知,水泥掺量为 20% 时,水泥土的渗透系数可满足 TRD 的设计要求。

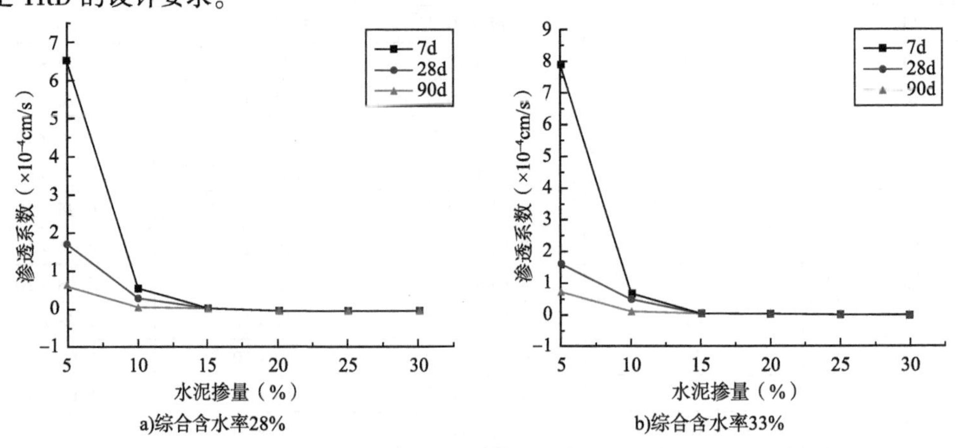

a)综合含水率28%　　b)综合含水率33%

图 2-18　水泥掺量与水泥渗透系数的关系

2.3.2 综合含水率影响结果分析

整理水泥土渗透系数测试结果并将综合含水率与水泥土渗透系数的关系绘制成曲线，其中，5%的水泥掺量，其渗透系数变化较大，25%和30%的水泥掺量，其渗透系数变化较小，两类情况均不利于规律总结，因此，仅绘制了水泥掺量为10%和20%的变化曲线，如图2-19所示。

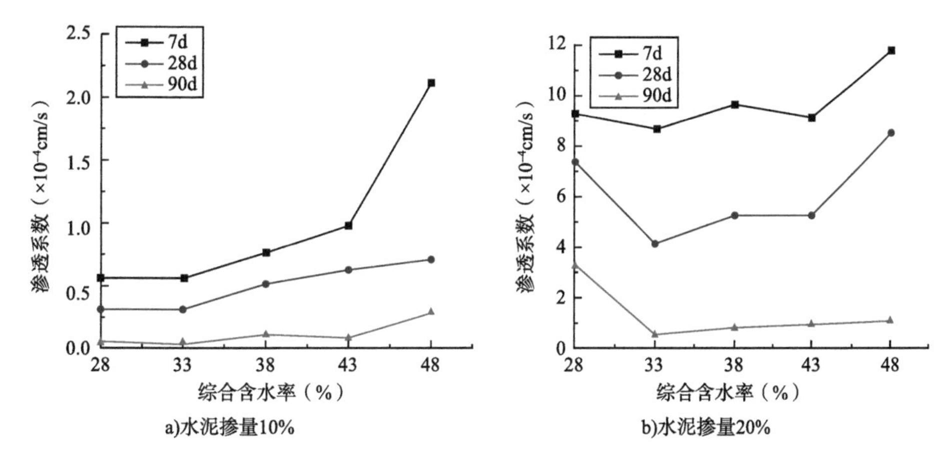

图2-19 水泥土渗透系数随综合含水率变化曲线

由图可知，水泥土中综合含水率影响渗透系数，总体规律是渗透系数随综合含水率的提高而增加，且水泥掺量越低时，综合含水率的提高对于降低水泥土抗渗性的作用越明显。因此，与综合含水率对水泥土强度的影响相似，应考虑地层含水率后，确定水泥浆液的水灰比。

2.3.3 龄期影响结果分析

控制综合含水率相同，取不同水泥掺量下的水泥土渗透系数平均值，绘制龄期的改变对不同综合含水率的水泥土渗透系数的影响趋势，如图2-20所示，龄期对水泥土渗透系数影响较小，水泥土渗透系数与龄期负相关，且降低速率越来越慢。

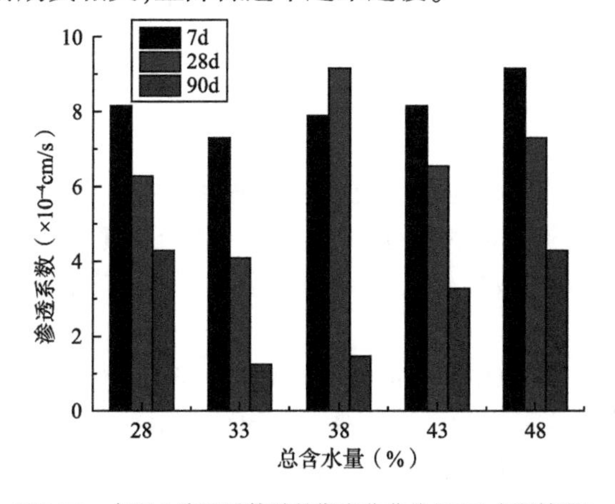

图2-20 水泥土渗透系数随龄期变化曲线(20%水泥掺量)

综上所述,20%的水泥掺量既能满足 TRD 强度设计要求,也能满足抗渗性要求,因此,在进行 TRD 施工设计时,应选择 20% 的水泥掺量作为青岛地区的设计标准,同时,施工 28d 后,可进行现场强度检测和基坑工程开挖。

2.4 其他影响因素研究

除上述影响因素外,地下水、土壤中腐殖酸和 pH,水泥土的养护温度均对水泥土质量产生影响,这些影响因素是非关键影响因素,且影响复杂,未一一进行试验研究,下面总结前人研究成果,分析各因素对墙体质量影响机制。

2.4.1 地下水

地下水中影响墙体强度的不利条件还有:有机质、pH、盐物质。特别是腐殖酸或污染物。Tremblay 等人认为当地下水 pH 值较低,特别是低于 5 时,将影响水泥土强度。然而,Kitazume 认为与有机物量相比,pH 值影响水泥土强度的能力较弱,Hernandez-Martinez 和 Al Tabbaa A 认为其影响能力进一步受到其分解程度的影响。Modmoltin 和 Voottipruex 认为盐的含量可以导致强度的增加或减少,这取决于盐的类型和数量。为了增加溶液中 Ca^{2+} 离子的量,使其与黏土矿物发生阳离子交换和火山灰反应,一般可在混合物中加入 Ca-氯化物,但是,添加的效果可能对安装在水泥土中钢材造成强烈腐蚀。在混合过程开始时加入硫酸盐,可以降低铝酸盐的水化速率,使混合材料的凝固更加缓慢。相反,在后期出现时,可能产生所谓的“延迟-钙矾石形成”,导致胶结键断裂,强度明显下降。

地下水对 TRD 墙体质量影响主要为影响水泥土综合含水率,地下水越丰富,混合搅拌后水泥土的含水率越高,其强度和抗渗性能越差;地下水中所含各类物质也会影响墙体质量,可通过添加其他外加剂,改善地下水环境,减少其对墙体质量的影响。

2.4.2 原位土腐殖酸和 pH 值

TRD 工法适用于第四系的软弱地层,各层位土体参数复杂多变,富水砂层(含水层或导水通道)作为该工法治理的目标层位,其性能参数是影响成墙质量的关键,也与混合过程密切相关,以及各层位中其他物质含量,尤其是腐殖酸和 pH 值也是影响墙体质量的重要因素。Babasaki 等人收集了 1981 年至 1992 年日本 14 个地区的 231 个土壤试验结果,发现腐殖酸含量和原状土 pH 值是影响强度的最主要因素。

(1)土体中腐殖酸

土体中腐殖酸将严重影响墙体强度和抗渗性。腐殖酸主要成分为富里酸和胡敏酸两类,两者对水泥土强度影响并不相同。胡敏酸的存在会影响水泥土强度的增长,特别是后期强度的增长。

腐殖酸除影响水泥的水化反应外,还会影响水泥土的火山灰反应。

火山灰反应式:

$$SiO_2 + Ca(OH)_2 + nH_2O \longrightarrow CaO \cdot SiO_2 \cdot (n+1)H_2O$$

$$Al_2O_3 + Ca(OH)_2 + nH_2O \longrightarrow CaO \cdot Al_2O_3 \cdot (n+1)H_2O$$

火山灰反应是指在水泥水化后的溶液中有大量 $Ca(OH)_2$,形成强碱性环境,并与土中的 SiO_2 及 Al_2O_3 反应,生成硅酸钙及铝酸钙,然后,逐渐形成胶凝结构及纤维晶体网状结构,将分散的土粒黏结成一体,增加水泥土的强度。腐殖酸中的富里酸和胡敏酸中和了 $Ca(OH)_2$,阻碍了火山灰反应,导致影响水泥土强度。

如图 2-21 所示,Okada 等人将不同量的腐殖酸与 50.6% 的高岭土混合制成人工样品,将从日本黏土中提取的三种腐殖酸与一种商用腐殖酸混合。

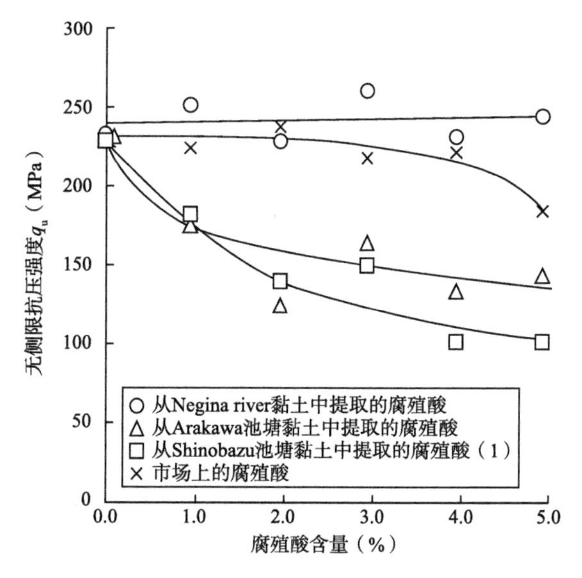

图 2-21 腐殖酸含量对水泥土无侧限抗压强度的影响

这些人工土壤掺入 5% 的普通水泥。从图中可以清楚地看出,腐殖酸的影响取决于腐殖酸的特性:从 Negina 黏土中提取的酸对强度的影响可以忽略不计,而从 Shinobazu pond 黏土中提取的酸对强度的影响相当大。

Miki 等人研究了土壤腐殖酸含量对无侧限抗压强度的影响。如图 2-22 所示,通过在高岭土中添加从荒川池黏土中提取的不同量的腐殖酸制备人工土样品,其中腐殖酸含量为高岭土干重的 0~5%。试验中,9 种类型的黏结剂对这些人工土壤进行了稳定处理。

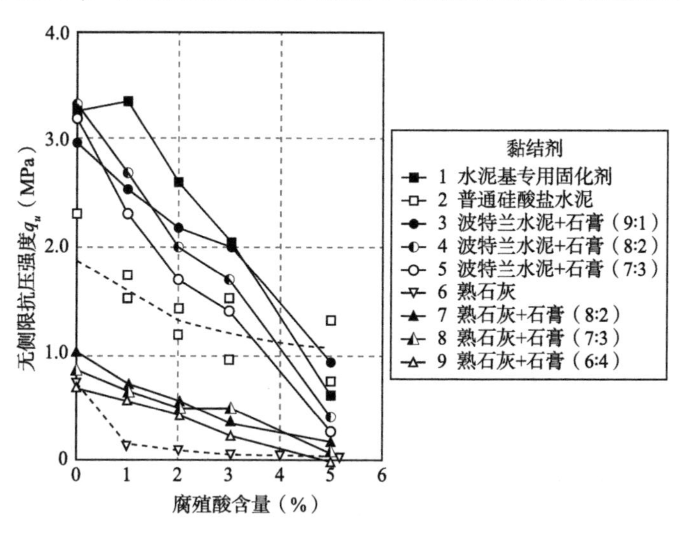

图 2-22 腐殖酸含量对水泥土无侧限抗压强度的影响

由无侧限抗压强度与腐殖酸含量之间的关系可知,水泥土的无侧限抗压强度高度依赖于水泥含量,但随腐殖酸含量的增加而显著降低,而与黏结剂类型无关。当腐殖酸含量约为5%时,其强度降低约三分之一。

因此,腐殖酸对墙体质量影响由酸的类型和含量共同影响。同时,腐殖酸将影响土壤的pH值。

(2)土壤pH值

Babasaki等人研究了土壤pH值与无侧限抗压强度的关系。从图2-23中可以看出,pH值小于5的土与pH值大于5的土相比,强度增长幅度较小。虽然有些土壤即使pH值很低,改良效果也不差,但pH值是评价土壤改良效果的一个方便有效的指标。

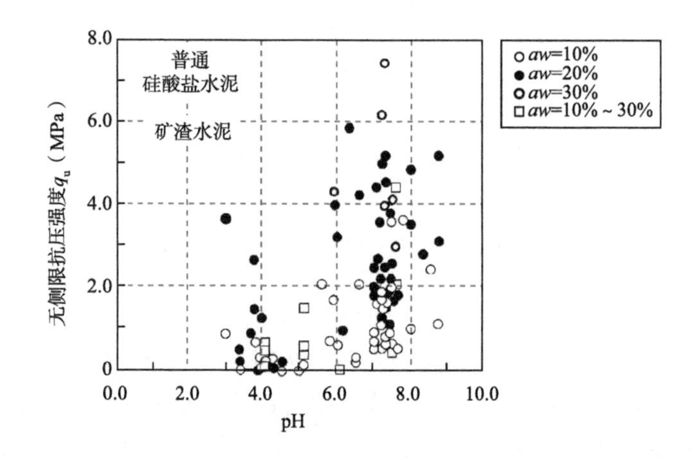

图2-23 无侧限抗压强度与pH值的关系

2.4.3 水泥土养护温度

TRD工法水泥养护环境为地下原位养护,受地下各类因素影响。其中养护周期和温度是影响成墙质量的重要因素,Saitoh等人进行了研究,结果如图2-24所示。

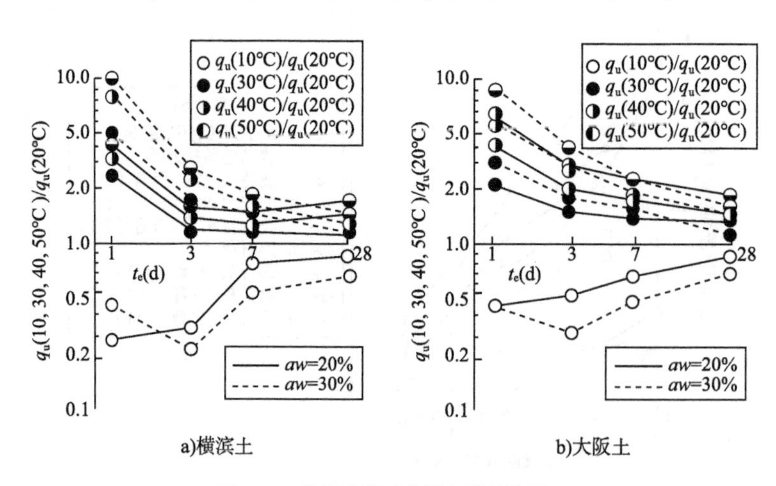

图2-24 养护温度对水泥土强度的影响

固化温度的影响中，稳定土、横滨土（w_L 为95.4%，w_p 为42.4%）和大阪土（w_L 为79.4%，w_p 为40.2%）在不同温度下固化长达四周。在更高的固化温度下，可以获得更大的强度。固化温度对短期强度的影响较大，但随着固化时间的延长，短期强度的影响减弱。

如图2-25所示，Enami等人认为不同养护时期养护温度对稳定土强度的影响。在相同养护期，养护温度越高，土体强度越大。在相同的固化温度下，强度随着固化时间的延长而增大。

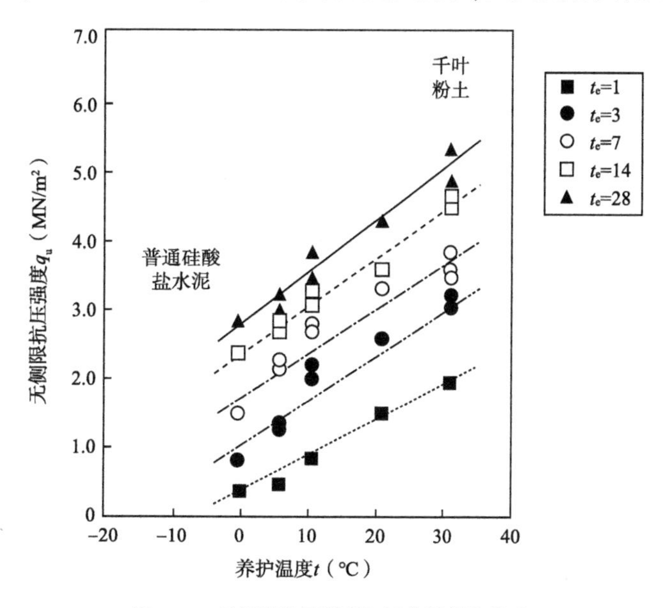

图2-25　无侧限抗压强度与固化温度的关系

综上所述，土壤中腐殖酸含量越高，水泥土强度越差，土壤pH值越低，越影响水泥土强度增加，但其影响程度低于腐殖酸的影响程度。水泥土强度随养护时间和温度的增加而增加，与土壤种类无关，固化温度对短期强度的影响较大，但随着固化时间的延长，短期强度的影响减弱。

2.5　提高墙体质量方法

通过上述分析和试验研究发现，影响TRD工法成墙质量的因素众多，为保证TRD工法的应用效果，针对上述影响成墙质量的各因素，提出以下应对措施。

2.5.1　地质勘探

通过上述分析可知，水泥土受地质条件影响较大，其中地下水和原位土体的物理和化学参数较为敏感，因此，应在工程勘察时，查明施工区域内的不利因素，尤其影响水泥土强度的条件，为后续改进方案提供可靠依据。

2.5.2　水泥掺量

在混合均匀条件下，水泥掺量越多，墙体质量越好，但是其经济性越差。因此，水泥掺量以墙体满足设计要求为标准，通过室内和现场试验，合理选择。根据目前大量工程统计，

20% ~25% 的水泥掺量,能够满足墙体的强度和抗渗性要求。因此,必须保证足够的水泥掺量。

2.5.3 不良地质条件

水泥土强度受地下的 pH 值、腐殖酸含量、含水率、温度等参数影响较大,应分别针对性地提出改进措施。

(1) pH 值

当地层中 pH 值较低,通过加入一定量的石灰,中和地层中的酸性,同时为水泥固结反应提供多余的 Ca^{2+},促进水泥土的固结反应,提高水泥土性能,同时酸性环境是由腐殖酸引起,应采用腐殖酸的处理方法。

(2) 腐殖酸含量

为降低腐殖酸对墙体质量的影响,使用普通硅酸盐水泥作固化材料,通过添加磷石膏和高铝水泥改善土壤环境。刘子铭通过试验获得了各物质的最优配合比:Ca/Al_2O_3 宜选 2.3 ~4,$SO_3/Al_2O_3 \cdot CaO$ 宜选 8 ~12。在该配合比条件下,水泥土无侧限抗压强度可达到 1.2MPa,满足设计要求。

(3) 含水率

作为止水帷幕,TRD 的工作环境中,地层中的含水率往往较高。可在 TRD 施工完成后,通过基坑内侧的降水,降低墙体一侧含水率,为墙体提供一个较好的养护环境。

(4) 温度

大多数地层温度较为恒定,但是对于冬季施工,尤其是北方地区,应防止表层低温对水泥土产生冻融循环,影响墙体质量,应实施防冻措施,在条件允许情况下,适当延长温度较低区域内的养护周期,以提高墙体性能。

2.5.4 技术经验交流

作为新型的施工方法,应及时组织 TRD 工法专业施工作业人员相互学习和交流,提高施工人员技术水平,减少人为因素对成墙质量的影响。

2.6 本章小结

通过上述分析和试验研究,获得以下结论:

(1) 通过室内的配合比试验,研究了水泥掺量、综合含水率和龄期对水泥土强度和抗渗能力影响规律,获得了适合青岛地区 TRD 工法的最优水泥掺量为 20%,养护周期大于 28d,该条件下,满足关于 TRD 的强度和抗渗能力的要求。

(2) 各因素对水泥土强度影响规律:水泥土强度随着水泥掺量的增加而增大,且含水率较低时,水泥土强度增加速率更大;水泥土的强度与综合含水率呈现负相关,且随水泥掺量的不断提高越发显著;龄期对水泥土强度影响较小,水泥土强度与龄期负相关。

(3) 各因素对水泥土渗透系数影响规律:提高水泥掺量,有利于降低水泥土渗透系数,且综合含水率越高时,降低作用越明显;综合含水率与渗透系数呈现正相关,且水泥掺量越低,降

低作用越明显；龄期对水泥土渗透系数影响较小，水泥土渗透系数与龄期负相关。

(4)土壤中腐殖酸含量越高，水泥土强度越差，土壤pH值越低，越影响水泥土强度增加，但其影响程度低于腐殖酸的影响程度。水泥土强度随养护时间和温度的增加而增加，与土壤种类无关，固化温度对短期强度的影响较大，但随着固化时间的延长，短期强度的影响减弱。

(5)根据上述各因素对水泥土墙体质量的影响机制分析和试验结果，提出了提高水泥土墙体质量的措施和方法，为TRD工法更好地应用，提供一定的理论帮助。

第 3 章　TRD 混合模型试验与抗渗性分析

实验室内研究水泥土影响因素研究使用 NJ-160 水泥净浆搅拌机混合，该混合装置不能准确反映 TRD 工法中各混合参数对墙体质量的影响，也没有能够可靠地将实验室和现场结果联系起来的对比方法，而且，基于前人的研究（如 Asano、Baghdadi 和 Shihata、Ahnberg、Burke 和 Sehn、Usui、Madhyannapu），实验室制备的固化土的性能通常与现场观测的不同（大多数情况下实验室制备的性能更好）。如图 3-1 所示，桂大壮等人，通过对 TRD 墙体现场取芯测试，发现其强度离散性较大，出现了混合不均匀的现象。

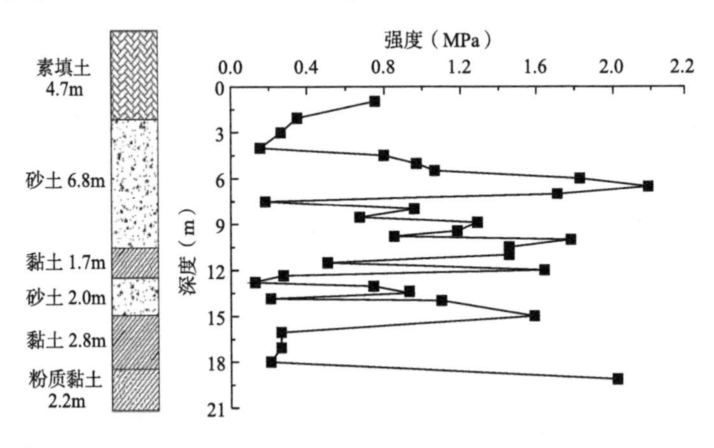

图 3-1　芯样强度随地层分布图

混合过程是将各地层和水泥浆液打散重新分布，其混合均匀程度不仅决定了各搅拌区域内的水泥含量，为各类材料的化学反应提供最佳接触条件，还影响了含水层或导水通道的切断效果，这与搅拌机械的参数密切相关相关，需针对性地开展相关试验，开展相关研究。

Al-Tabbaa A 等人通过研究其他深部混合工法（不包含 TRD 工法），发现影响混合工具性能的其他参数有：混合工具的几何形状（轴数、叶片数和类型、喷嘴位置和直径）、转速、穿透和退出速度、混合时间、喷气效果。表 3-1 综合描述了单一混合参数对地基处理总体效率的相对影响。

深部混合技术对强度变化的影响因素　　表 3-1

影响因素	影响强度
与固化液混合均匀有关的混合工具几何形状	+ + +
流变性质	+ + +
压实/固结	+ + +
检索率	+ +

续上表

影响因素	影响强度
叶片数	+ +
固化液含量	+ +
空气量	+ +
混合工具的几何形状	+
固化液种类	+
旋转速度	–
空气压力	–

注：+ + +重大和主要影响；+ +重大影响；+有影响；–无或较弱影响。

上述影响混合均匀的因素中，未包含TRD工法，且影响因素之间相互耦合，为了更有效的模拟TRD混合过程，设计并建造模型试验装置，开展了TRD工法的模型试验，研究各混合参数和砂层参数对成墙质量的影响，获得了最佳混合参数，分析了砂层参数对混合均匀度的影响，并提出了混合度的概念，描述混合均匀程度，降低了失败的风险，更好地指导TRD工法的应用。

20%的水泥掺量在混合均匀条件下，可满足墙体的强度和抗渗设计要求。因水泥土强度与水泥掺量程正相关，抗渗能力与水泥掺量程负相关，尤其是水泥掺量小于20%，该种现象更为明显，混合不均致使某些区域水泥掺量低，影响该区域的墙体的强度和抗渗能力。良好抗渗能力作为TRD工法显著特点，针对混合不均对墙体抗渗性影响，开展了基底涌水量的数值模拟计算，研究混合不均对不同入土深度和厚度的TRD墙体的影响。

3.1 TRD混合过程分析

在水泥土原位混合的各类技术中，Mitchell、Rathmayer和Usui认为当需要实现高质量的施工效果时，混合过程和混合程度是必须考虑的主要方面，混合过程和混合程度都与混合设备参数和混合时间密切相关。原位土体作为被混合的对象，也将影响混合过程，尤其是含水层或导水通道，作为TRD工法需要改善的土层位置，也是影响混合过程的重要因素。

TRD工法搅拌过程中，如图3-2所示，土体在刀具的切削作用下被剥离原有地层，黏土颗粒与注入膨润土浆液混合，如图中Ⅰ区，形成混合泥浆；砂层中的砂颗粒一部分随刀具向上运动，如图中Ⅱ区；另一部分在重力作用下穿过截割齿之间空隙发生沉降，如图中Ⅲ区，与被链刀由另一侧代入的颗粒混合，如图中Ⅳ区，然后在刀具的作用下，向上移动，最终在刀具的搅拌作用与其他地层混合。

如图3-3所示，通过对某一TRD工程现场取芯发现，部分砂层位置未与其他地层有效混合，未形成有效的TRD墙体，该区域地层渗透系数较大，基坑开挖后，可能出现渗漏水现象，威胁基坑的稳定和安全。

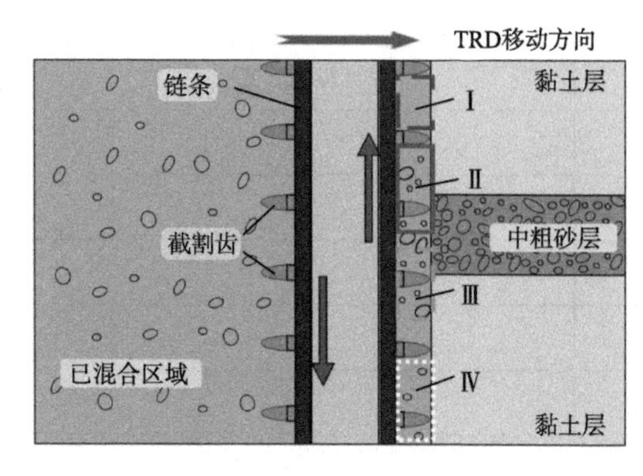

图 3-2　TRD 工法切削搅拌示意图

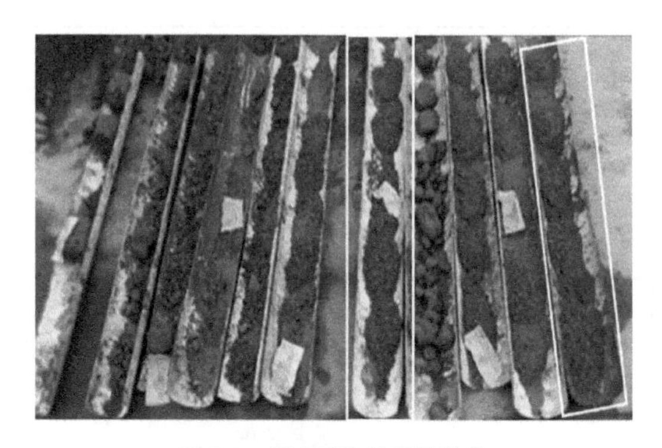

图 3-3　混合不均的现场取芯

3.1.1　混合参数

混合参数中混合时间和混合速度是决定 TRD 施工效率和质量的重要参数，前人对其他深部混合工法开展了一定的研究，并获得了一些成果，TRD 作为一种新型工法，未开展相关研究。

(1)混合时间

混合时间是影响混合均匀度的关键参数之一，同时也直接影响施工效率。有效混合时间是将各地层混合均匀所需的最短时间。有效混合时间的确定，既可保证混合均匀度，提高成墙质量，也能大幅提高施工效率。

Nakamura 等人开展了实验室混合试验中混合时间与无侧限抗压强度的关系研究。在试验中，普通硅酸盐水泥以水灰比为 100% 的干态或浆态使用。如图 3-4 所示，无侧限抗压强度随着掺混时间的减少而降低，与生石灰稳定化相似。从图中还可以看出，混合时间越短，强度偏差越大。

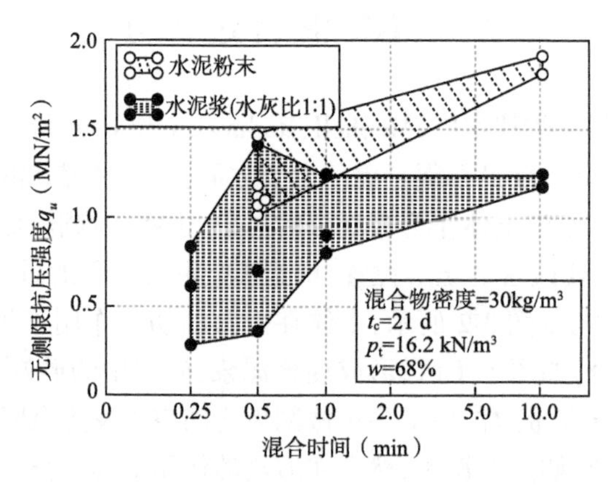

图 3-4　搅拌时间对水泥稳定土强度和偏差的影响

(2)混合速度

混合速度是影响混合质量的最重要参数之一，且与其他因素相互耦合作用于混合过程，因此，针对 TRD 工法开展混合设备参数研究，对于各地层混合过程和混合效率，是极其重要的。

3.1.2 砂层参数

TRD 工法适用软土地层中，切断了浅层的导水通道或含水层，这些导水通道或含水层往往都是砂层，因此，砂层各项物理参数将影响成墙质量。当 TRD 施工深度固定，砂层厚度越厚，黏土层厚度越薄，黏土占比越低，砂颗粒含量将影响成墙后的强度和抗渗性能。

如图 3-5 所示，Niina 等人研究了土体粒径分布对水泥土无侧限抗压强度的影响。通过将两种天然土壤，即 Shinagawa 冲积土（w_L为 62.6%，w_p为 24.1%）命名为 A，Ooigawa 砂命名为 D，两类由 A 和 D 混合制成人工土壤分别命名为 B 和 C。四类土壤与三种不同掺量的普通硅酸盐水混合，固化 28d 后，对水泥土进行了无侧限压缩试验，如图 3-5a）所示，当含砂率在 60% 以下时，无论水泥用量多少，无侧限抗压强度均可获得较好的改良，当砂颗粒含量大于 60% 后，水泥土强度受水泥掺量的影响在减小。

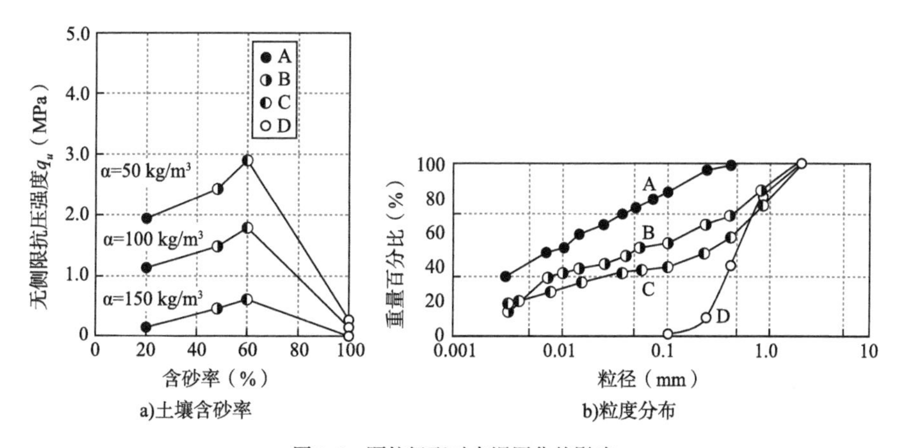

图 3-5 颗粒级配对水泥固化的影响

Miura 等人展示了颗粒大小分布对稳定土的渗透系数的影响。在试验中，准备了 5 种土壤进行渗透试验，包括千叶地区出土的砂土、横滨湾出土的黏性土、砂土与黏性土的混合物（千叶砂土含量为 39.3%、60.0% 和 78.6%），颗粒级配曲线如图 3-6 所示。

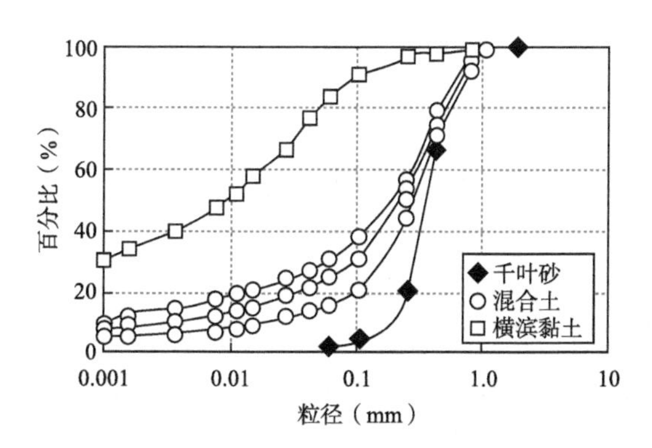

图 3-6 测试土壤的颗粒级配曲线

除上述砂层参数影响 TRD 工法土层改善效果外,在水泥土固化前,较大颗粒产生沉降现象,形成底部沉积区,将影响墙体下部治理效果。依据固液两相流理论计算极限悬浮粒径,基于颗粒级配曲线,分析沉降颗粒量,综合判断沉降量对墙体性能的影响。

在切削搅拌过程中,切割液、固化液与原位土体形成的混合物,为宾汉姆流体,依据固液两相流理论中,关于宾汉姆流体中极限悬浮粒径的计算公式,当颗粒大于该极限粒径时,治理区域出现颗粒沉降,影响治理效果。

$$u_s = \frac{d}{\eta_\infty}[0.0702gd(\rho_s - \rho_f) - \tau_0] \tag{3-1}$$

当 $u_s = 0$ 时,颗粒处于悬浮状态,因此,极限悬浮粒径为:

$$d_s = \frac{\tau_0}{0.702g(\rho_s - \rho_f)} \tag{3-2}$$

式中:d——极限悬浮粒径(m);

τ_0——混合泥浆的极限屈服强度(N/m^2);

ρ_s——砂颗粒密度(kg/m^3);

ρ_f——混合泥浆密度(kg/m^3);

g——重力加速度(m/s^2)。

$$t = \frac{H}{u_s} \tag{3-3}$$

式中:t——沉降时间(s);

H——颗粒距墙底深度(m)。

当颗粒粒径小于极限粒径时,发生沉降现象,基于颗粒级配曲线获得计算沉降颗粒量,综合现场试验确定沉降修正系数和沉积层厚度,以及沉积层对墙体性能的影响规律。

上述研究,大多数是在室内完成混合,未考虑混合过程对墙体质量的影响,根据 TRD 工法特点,开展混合过程研究,对成墙质量影响因素研究具有重要意义,也是本章研究的重点。目前,针对水泥土的水泥、土壤、地下水和养护环境的研究较为清晰,不同深部混合工法对应不同的混合过程,其混合过程差异性较大,而且混合过程中各类因素影响墙体质量的过程复杂,且存在相互耦合关系,因此,为了进一步研究 TRD 工法中各因素对墙体质量的影响,开展 TRD 工法模型试验。

3.2 模型试验系统

在 TRD 施工过程中,搅拌均匀是 TRD 施工的主要目的之一,也是保证治理效果的关键。然而,刀具如若不能将富水砂层砂与其他地层混合,导致富水砂层位置含砂率和含水率高,影响该区域的墙体的强度和抗渗能力,而且,富水砂层强度较低,后续注入的水泥浆液较难留存,不仅严重影响治理效果,而且造成资源浪费。在工程实践中,已出现多次因搅拌不均引发的渗漏水事件。为研究 TRD 工法搅拌混合过程,研制了 TRD 工法模型试验装置,分别对

混合时间,垂直切削速度、砂层颗粒级配、埋深进行试验,获得了各因素对成墙质量影响的规律。

TRD 模型试验可以代替现场施工前进行的 TRD 参数测量试验,具有良好的经济性。首先,该试验装置可以研究 TRD 法的混合时间和混合效率,从而降低成本,提高施工效率。其次,还可以测试不同形状刀具的混合效果。第三,该试验装置可以利用 TRD 工法研究附加材料与水泥土混合的难度。

3.2.1 模型试验装置

TRD 模型试验装置是以中国铁建重工集团股份有限公司生产的 LSJ60 型 TRD 工法机为原型,基于第二相识理论,进行研发,可独立实现不同垂直切削速度和水平移动速度,并通过前方玻璃,实时观察切割液和水泥浆液的流动情况,通过扭矩传感器,实时采集扭矩信息。

如图 3-7 和图 3-8 所示,该机器主要包括垂直切削搅拌装置、水平移动装置、注浆装置、箱体、和监测系统。

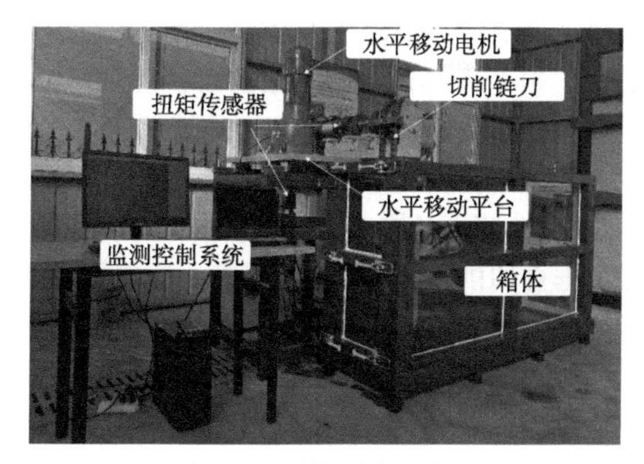

图 3-7 模型试验装置

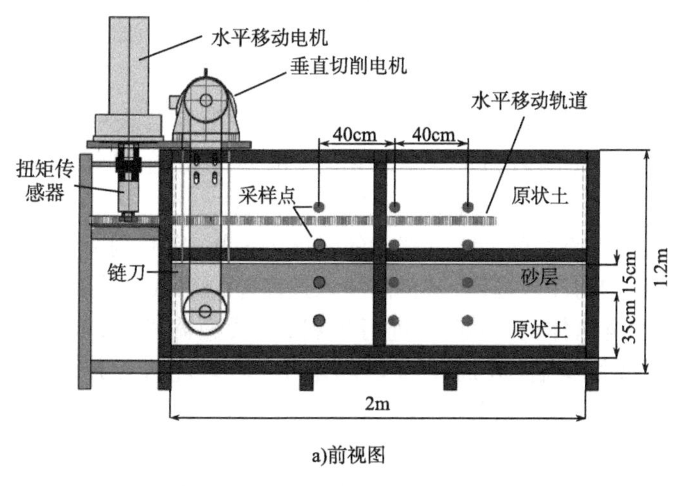

a)前视图

图 3-8

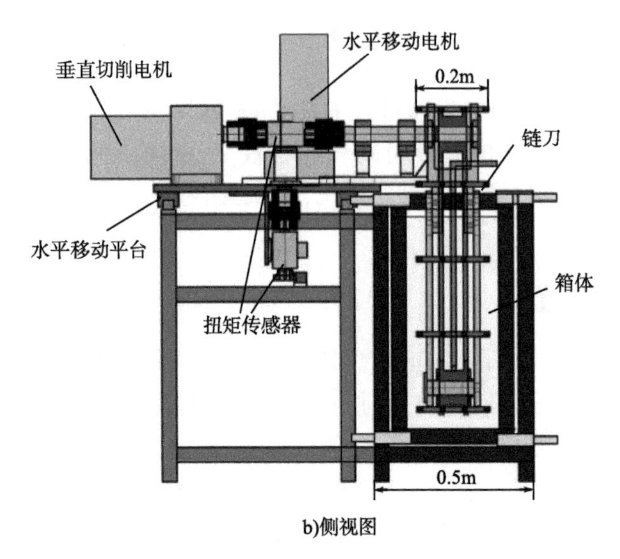

b)侧视图

图 3-8 TRD 模型试验装置示意图

垂直切削装置通过驱动电机带动上齿轮,上齿轮与下齿轮之间平行安装两条链条,两条链条上间距 30cm 固定切削刀具,每个刀具包含四个截割齿,模型刀具尺长 0.2m,截割齿长 4cm。驱动电机与上齿轮之间通过两个联轴器安装一个扭矩传感器,实时监测切削过程中扭矩变化,测量范围 0 ~ 500N · m,也为切削完成后,方便拆卸切削装置。驱动电机为变频电机,通过变频器实时控制切削速度,切削搅拌速度范围 0 ~ 1m/s。

水平移动装置上固定了垂直切削装置,安装在支架上的水平导轨上,通过电机驱动,带动齿轮在支架上的固定的齿条上行走,实际工况中,TRD 主机移动速度非常小,因此,该驱动电机使用了大齿比减速器,精确控制水平移动速度,水平移动速度范围 0 ~ 0.1m/s,同时在驱动电机和行走齿轮之间安装了扭矩传感器,实时监测水平移动阻力,测量范围 0 ~ 500N · m,该驱动电机同样为变频电机,通过变频器实时控制切削速度。试验装置的水平移动和垂直切削分别由两台独立调频电机驱动,通过控制器调节电机移动和切削速度。

注浆装置为外置电动注浆泵,通过预留在垂直切削装置中的注浆管路和下方的出浆口,将切割液和水泥浆液注入箱体。

该试验装置箱体尺寸为 2m × 0.5m × 1.2m,其中三面安装玻璃,便于观察切削过程,且该三面玻璃通过自紧锁扣闭合,即保证密切性,也便于试验结束后拆开,观察内部混合情况。

监测系统主要监测垂直切削和水平移动的速度与扭矩,实时调节各驱动电机运行速度,并控制注浆速率,使浆液均匀注入箱体,减少因注入速度差异对试验结果的影响。

切削装置应移动至箱体的一端后,进行填料,分层振捣密实,如图 3-9 所示,与原地层密实度相似;砂土完成填筑后,开启垂直切削电机,均匀注入相应膨润土浆液,待机器平稳运转后,调整垂直切削速度至设计值;开启水平移动电机,并调整水平移动速度至设计值。

切削装置进入颗粒采集点后,利用试样采集装置采集试样,如图 3-10 所示,清洗后筛分,选取直径大于 0.5mm 砂颗粒称重。

图 3-9　振动器压实土层和砂层

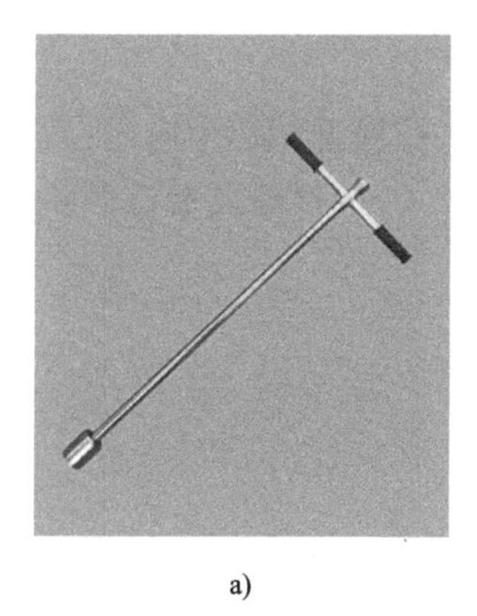

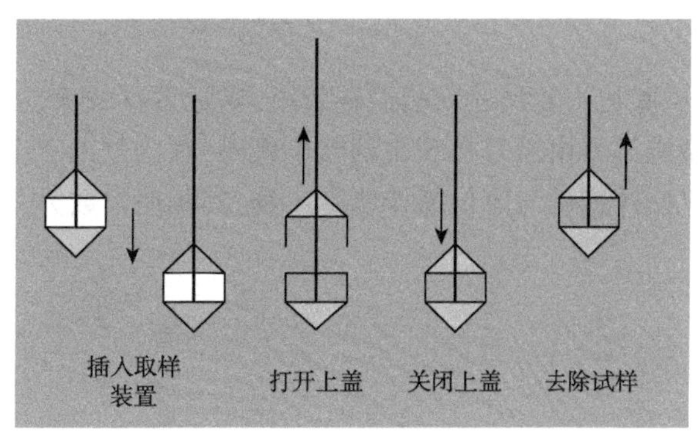

a)　　b)

图 3-10　砂颗粒采集装置图

3.2.2　相似度计算

模型试验相似度是决定模型试验装置合理性关键。因其 TRD 工法搅拌机理复杂,影响因素多,无法确定各影响因素之间的固定函数关系式,通过分析搅拌过程,基于前人研究结果,搅拌均匀影响因素分别为:搅拌速度 ν、搅拌时间 t、刀具几何尺寸 L、颗粒粒径 d_s、颗粒密度 ρ_s、搅拌浆液黏度 μ、浆液极限剪切力 τ_0、浆液密度 ρ_f、颗粒数量 C 九个参数决定,由第二相似定理,假设存在一个函数:

$$f(\nu,t,L,d_s,\rho_s,\mu,\tau_0,\rho_f,C)=0 \tag{3-4}$$

取 t,L,ρ_s 为量纲独立的物理量,有

$$\pi_1=\frac{\nu}{t^{\alpha_1}L^{\beta_1}\rho_s^{\gamma_1}}=\frac{L\cdot T^{-1}}{T^{\alpha_1}L^{\beta_1}M^{\gamma_1}\cdot L^{-3\gamma_1}} \tag{3-5}$$

解得:$\alpha_1=-1,\beta_1=1,\gamma_1=0$

$$\pi_1=\frac{\nu}{t^{-1}L} \tag{3-6}$$

由于 π_i 为相似准数,对于相似的物理现象有不变的形式,故模型设计时,需模型物理量与原型物理量满足下列相似准则:

$$\pi_1=\frac{\nu_m}{t_m^{-1}L_m}=\frac{\nu_p}{t_p^{-1}L_p} \tag{3-7}$$

同理可得：

$$\pi_2 = \frac{d_s}{L} \tag{3-8}$$

$$\pi_3 = \frac{\mu}{t^{-2}L^2\rho_s} \tag{3-9}$$

$$\pi_4 = \frac{\tau_0}{t^{-2}L^2\rho_s} \tag{3-10}$$

$$\pi_5 = \frac{\rho_f}{\rho_s} \tag{3-11}$$

$$\pi_7 = C \tag{3-12}$$

模型试验机刀具尺寸影响搅拌效果，实际刀具较大，无法在模型试验中应用，为保证模拟效果，模型机刀具由原刀具等比例缩小获得，其比例的三分之一；搅拌速度通过调频控制器调节，模型机搅拌速度与原位搅拌速度一致，其相似常数为：

$$S_L = \frac{L_m}{L_p} = \frac{1}{3} \tag{3-13}$$

$$S_\nu = \frac{\nu_m}{\nu_p} = 1 \tag{3-14}$$

式中，m 角标为模型试验参数，p 角标为实际参数。

该模拟试验，装填原状砂土，装填过程中振捣密实，装填完成后，取样测试密度，确保与原状地层一致，因此，颗粒半径相似常数、砂颗粒密度相似常数。

$$S_{d_s} = \frac{d_{sm}}{d_{sp}} = 1 \tag{3-15}$$

$$S_{\rho_s} = \frac{\rho_{sm}}{\rho_{sp}} = 1 \tag{3-16}$$

$$S_{\rho_f} = \frac{\rho_{fm}}{\rho_{fp}} = 1 \tag{3-17}$$

依据所搅拌土体体积，加入原位试验比例的切割液，进行切削和搅拌，搅拌后所形成黏土浆液与原位黏土浆液性质基本一致，因此，其黏度相似系数、极限抗剪切力相似系数、密度相似系数分别为：

$$S_\mu = \frac{\mu_m}{\mu_p} = 1 \tag{3-18}$$

$$S_{\tau_0} = \frac{\tau_{0m}}{\tau_{0p}} = 1 \tag{3-19}$$

$$S_{\rho_f} = \frac{\rho_{fm}}{\rho_{fp}} = 1 \tag{3-20}$$

模型试验中，有效搅拌高度为 1m，根据现实地层中砂颗粒均匀分布于地层中 1m 厚度地层中砂颗粒的含量，填放砂层，保证搅拌均匀后的颗粒体积浓度与原位一致，其颗粒浓度相似系数为：

$$S_{\mathrm{C}}=\frac{C_{\mathrm{m}}}{C_{\mathrm{p}}}=1 \tag{3-21}$$

将各物理量代入，时间相似常数为：

$$S_{\mathrm{t}}=\frac{t_{\mathrm{m}}}{t_{\mathrm{p}}}=\frac{1}{3} \tag{3-22}$$

满足相似准则：

$$\frac{S_{\mathrm{v}}S_{\mathrm{t}}}{S_{\mathrm{L}}}=1 \tag{3-23}$$

$$\frac{S_{d_{\mathrm{s}}}}{S_{\mathrm{L}}}=1 \tag{3-24}$$

$$\frac{S_{\mu}S_{\mathrm{t}}^{2}}{S_{\mathrm{L}}^{2}S_{\rho_{\mathrm{s}}}}=1 \tag{3-25}$$

$$\frac{S_{\tau_0}S_{\mathrm{t}}^{2}}{S_{\mathrm{L}}^{2}S_{\rho_{\mathrm{s}}}}=1 \tag{3-26}$$

$$\frac{S_{\rho_{\mathrm{f}}}}{S_{\rho_{\mathrm{s}}}}=1 \tag{3-27}$$

$$S_{\mathrm{C}}=1 \tag{3-28}$$

式中：S_{v}——速度相似常数；

S_{t}——时间相似常数；

S_{L}——几何相似常数；

$S_{d_{\mathrm{s}}}$——颗粒直径相似常数；

S_{μ}——黏度相似常数；

$S_{\rho_{\mathrm{s}}}$——颗粒密度相似常数；

$S_{\rho_{\mathrm{f}}}$——黏土浆液密度相似常数；

S_{τ_0}——黏土浆液极限剪切力相似常数；

S_{C}——颗粒浓度相似常数。

该模型试验装置满足相似准则，能够实现 TRD 工法的模拟试验。

3.2.3　模型试验材料

模型试验所用试验材料主要有黏土、水、膨润土、砂和水泥，其中膨润土作为切割液使用。

（1）黏土

黏土选择青岛地铁 1 号线胜利桥站出入口第四纪黏土层黏土，通过现场采样，获得黏土基本参数，试验前筛除土中大于 0.5mm 的砂颗粒以及其他无关材料。

（2）砂

如图 3-11 所示，选取青岛地铁 1 号线胜利桥站中粗砂层作为试验用砂。该砂层颗粒级配不良,黏土含量低,自稳能力较差,且存在大量的较大颗粒,是水力联系通道,也是 TRD 工法需要改善的土层位置,胜利桥站中粗砂层的颗粒级配曲线如图 3-12 所示。

图 3-11　青岛地铁 1 号线胜利桥站中粗砂

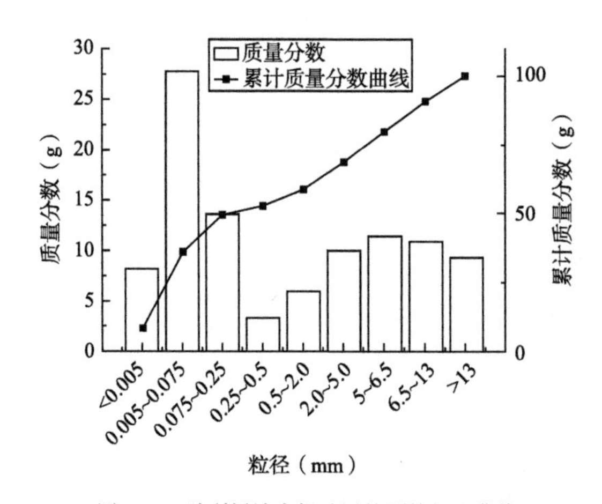

图 3-12　胜利桥站中粗砂层的颗粒级配曲线

(3)水

试验用水为普通自来水,经过晾晒后,其 pH 值为 7.1,不对试验结果产生影响,满足试验要求。

(4)水泥

所用水泥为普通 P・O 42.5 硅酸盐水泥,水灰比为 1∶1,水泥掺量为 20%。在完成全部取样后,再注入水泥浆。

(5)切割液配合比及混合黏土浆液性质

模型试验中,在数据采集阶段,为减少注入水泥浆液对试验结果的影响,暂时不注入水泥浆液,待数据收集结束后,在垂直切削装置回测阶段,注入水泥浆液。基于《渠式切割水泥土连续墙技术规程》(JGJ/T 303—2013)中,不同土质对应膨润土的配合比,以及关于混合泥浆的 TF 值满足 180 ± 20 的要求,制作混合黏土浆液,测定其性能参数如图 3-13 所示。

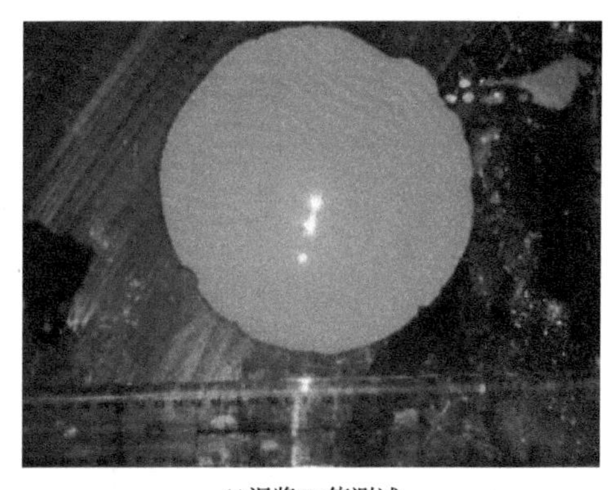

a)ANY-1型泥浆测试仪　　b)泥浆TF值测试

图3-13　泥浆性能测试

3.3　现场试验验证

通过相似度计算,TRD模型试验系统能够模拟TRD工法的混合搅拌过程,为了进一步验证该试验系统的有效性,开展了现场对比试验。

3.3.1　现场试验概况

在青岛地铁1号线胜利桥站出口开挖工程,选择长5m,深3m区域作为现场试验区,现场试验采用中国铁建重工集团股份有限公司LSJ60型号TRD机械施工,如图3-14所示。因TRD模型试验机是以该主机为模型研发,其刀具几何参数与相似度计算中的设计一致,且几何形状也一致。

图3-14　TRD现场试验图

混合速度为1m/s,水平移动速度为2m/h,与模型试验机的运行速度一致。现场试验平面和剖面示意图如图3-15所示,采样点如图3-15b)所示,与模型试验采样点布置一致,采样点水平间距为1m,分别位于2m、3m、4m水平位置,垂直间距为0.6m,分别位于0.6、1.2、1.8、2.4m四个位置,共12个采样点。现场试验参数与模型试验相同,现场试验采用相同的采样方法,青岛地区黏土层参数见表3-2。

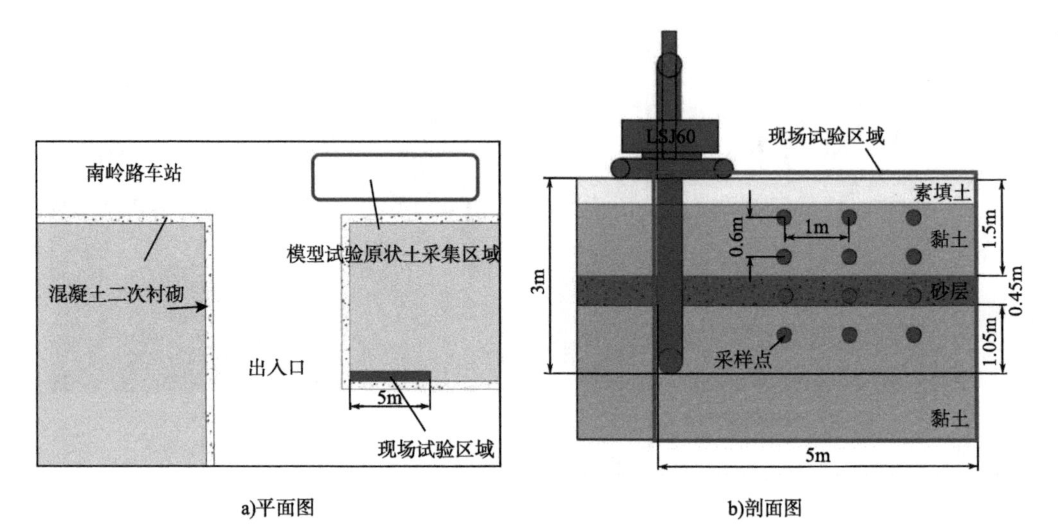

a)平面图　　　　b)剖面图

图 3-15　现场试验平面和剖面示意图

青岛地区黏土层参数　　　　表 3-2

编号	深度（m）	土体密度（g/cm^3）	颗粒密度（g/cm^3）	液限指数（%）	塑限指数（%）	含水率（%）	黏聚力（kPa）	内摩擦角（°）
1	0.7	1.97	2.74	37.2	19.8	27.5	31.3	10.2
2	1.0	2.08	2.74	37.2	19.8	24.5	38.3	8.8
3	1.3	2.01	2.74	37.3	19.7	25.0	35.2	11.3
4	2.2	1.98	2.75	37.4	17.7	25.3	22.3	10.3
5	2.5	2.01	2.75	37	17.8	23.8	28.5	18.1

3.3.2　试验结果对比

对比分析模拟试验和现场试验结果如图 3-16 所示，颗粒浓度随搅拌时间变化曲线与模型试验中使用原位土壤获得的结果基本一致。其搅拌均匀时长为模型试验的 3.05 倍，与模型试验设计的时间相似系数基本一致，因此，该模型试验装置能够准确地模拟 TRD 工法搅拌过程。

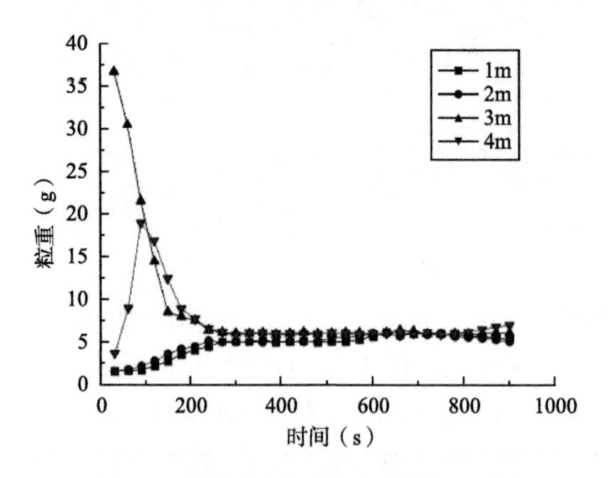

图 3-16　模拟试验和现场试验结果对比分析

在720s停止搅拌后，1m和2m采样点出现一定量的颗粒浓度沉降，通过对所采集试样筛分，发现下沉主要为直径大于10mm的颗粒，与模型试验结果一致。因此，应及时注入固化液，防止大量颗粒沉降，影响搅拌效果。如图3-17所示，搅拌均匀后的黏土，其颗粒级配曲线得到明显改善。

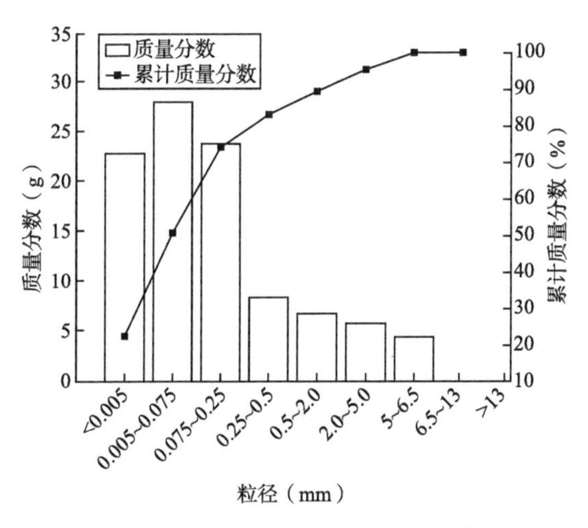

图3-17 现场试验搅拌后颗粒级配累计曲线

通过现场试验验证，该模型试验装置能够较为准确地模拟TRD工法的混合搅拌过程。

水泥掺量为20%，注入水泥后的搅拌时长与土体搅拌时长相同，通过现场压水试验，测得不同深度处的渗透系数见表3-3，满足设计要求。现场取芯后，进行无侧限抗压强度测试，测试结果同样满足设计要求。

现场试验水泥土渗透系数和强度 表3-3

深度(m)	渗透系数(cm/s)			无侧限抗压强度(MPa)		
0.6	1.7×10^{-8}	3.2×10^{-8}	6.1×10^{-8}	1.32	1.15	1.21
1.2	5.4×10^{-7}	2.8×10^{-8}	7.3×10^{-8}	1.26	0.99	1.25
1.8	4.2×10^{-8}	6.4×10^{-7}	3.6×10^{-8}	1.12	1.31	1.26
2.4	8.1×10^{-8}	4.3×10^{-8}	2.1×10^{-8}	1.23	1.18	1.14

3.4 TRD混合模型试验

该模型试验装置，主要用于模拟TRD工法的切削搅拌混合过程，分别针对混合过程中的关键参数，混合时间以及垂直切削速度，开展了模型试验研究。砂层作为该工法需要改善的土层位置，针对砂层粒径和埋深展开研究，模型试验内容见表3-4，其中1、3和9号模型试验内容相同，为一组试验。

模型试验内容　　表 3-4

编号	试验内容		参数	埋深	砂	混合速度
1	混合参数	混合时间	—	50cm	原状砂	1m/s
2		混合速度	0.5m/s	50cm	原状砂	—
3			1m/s	50cm	原状砂	—
4			1.5m/s	50cm	原状砂	—
5	砂层参数	粒径	2~5mm	50cm	—	1m/s
6			5~7.5mm	50cm	—	1m/s
7			10~15mm	50cm	—	1m/s
8		埋深	15cm	—	原状砂	1m/s
9			50cm	—	原状砂	1m/s

3.4.1 混合参数

(1)混合时间

混合时间作为 TRD 混合的重要参数,为减少模拟试验组数,根据现场试验地层埋深,设计在模型试验装置的 50~65cm 深度,铺设 15cm 厚的原状砂,通过压实后,开展模型试验,分别在取样点位置采集 50s、100s 和 200s 时间点的砂颗粒,筛洗后,烘干称重。其中,垂直切削速度为 1m/s,水平移动速度为 2m/s,共进行 1 组试验,如图 3-18 所示。

图 3-18　测试混合时间的模型试验

(2)垂直切削速度

垂直切削速度模型试验共进行 3 组试验,试验用砂和黏土与混合时间模型试验所用一致,砂层布置方式相同。分别测试 0.5m/s、1m/s 和 1.5m/s 三种速度的工况条件下的混合效率。1m/s 的垂直切削速度是目前 TRD 工法施工过程中的经验速度,试验过程中水平移动速度为 2m/s。因此,可将混合时间模型试验作为垂直切削速度的模型试验。

3.4.2　砂层参数

(1)粒径

为研究不同粒径砂层对混合均匀度影响,如图3-19所示,选取直径分别为2~5mm、5~7.5mm和10~15mm的石英砂作为试验用砂,其埋深设置为50~65cm,厚度为15cm,砂层上、下土层为青岛地区第四系黏土层,经过压实后,开展模型试验。其水平移动速度为2m/h,垂直切削速度为1m/s。

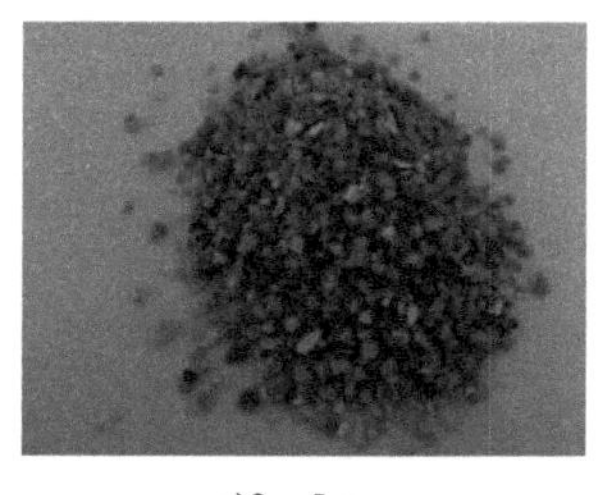

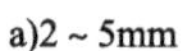

a)2~5mm

b)5~7.5mm

c)10~15mm

图3-19　不同粒径的试验用砂

(2)埋深

如图3-20所示,分别针对埋深50cm和35cm的两类砂层进行模型试验,为减少试验中砂颗粒对试验结果的影响,选取直径5~7.5mm的石英砂作为试验用砂,砂层厚度为15cm。其水平移动速度为2m/h,垂直切削速度为1m/s,共进行1组试验,埋深50cm的与粒径5~7.5mm的模型试验共享。

a)埋深50cm

b)埋深35cm

图3-20　不同埋深砂层的模型试验

3.4.3　试验结果

混合均匀度是判定TRD工法质量的直观指标,砂层作为治理的目标层,搅拌后砂颗粒对混合均匀度起到作用。因此,使用混合均匀度评价混合效果,混合效果较好区域,其成墙质量稳定。当砂颗粒出现聚集,根据取样结果,其抗渗透性能较差,可能出现局部不满足设计要求情况。

(1)混合时间

由图3-21可知,混合均匀度随混合时间的增加而增加。试验开始后,采样点处砂颗浓度向均匀浓度移动,当在90s砂颗粒接近均匀状态减缓,通过对试样颗粒级配筛分,在20cm和40cm深度的采样点所采集的砂颗粒粒径小于10mm。继续搅拌,出现较大颗粒,但搅拌效率明显下降,颗粒浓度缓慢增加至均匀浓度;开始搅拌后,60cm和80cm深度采样点处出现剧烈变化,60cm深度处发生砂颗粒塌落,进入80cm深度采样点。搅拌210s后,颗粒浓度不再变化,进入搅拌均匀状态;240s停止搅拌,20cm和40cm深度出现颗粒浓度下降,80cm深度颗粒浓度上升,由较大砂颗粒自由沉降所致。

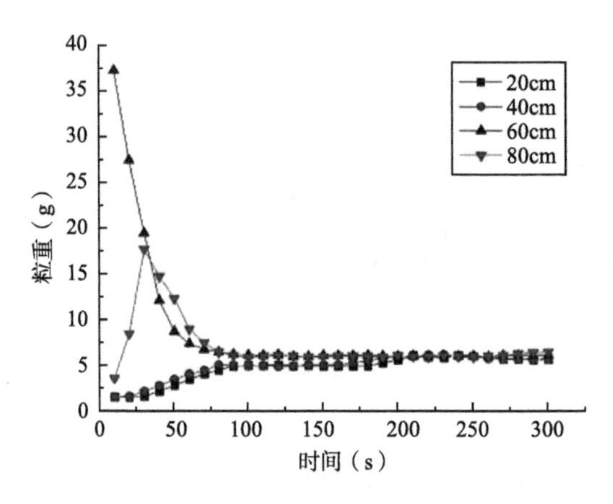

图3-21 原状砂层搅拌过程中砂颗粒含量随时间变化曲线

通过该组模型试验可知,混合均匀度随搅拌时间的增加而增加,当混合均匀后,砂颗粒浓度基本无变化,因此,可通过测试砂层浓度变化,确定混合均匀度。通过对混合均匀的土层取样,测试颗粒累计曲线可知,如图3-22所示,砂层颗粒已均匀分布于各地层中。

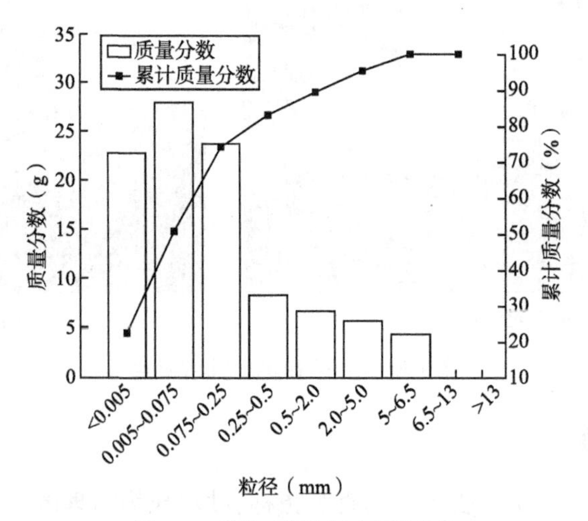

图3-22 搅拌后颗粒级配累计曲线

(2)垂直切削速度

通过对比三种不同切削速度发现,如图3-23所示,当速度为0.5m/s时,颗粒进入均匀浓度区间所需混合时间最长,其混合效率较低,垂直切削速度为1.5m/s时,其进入混合均匀时间与1m/s差异不大。

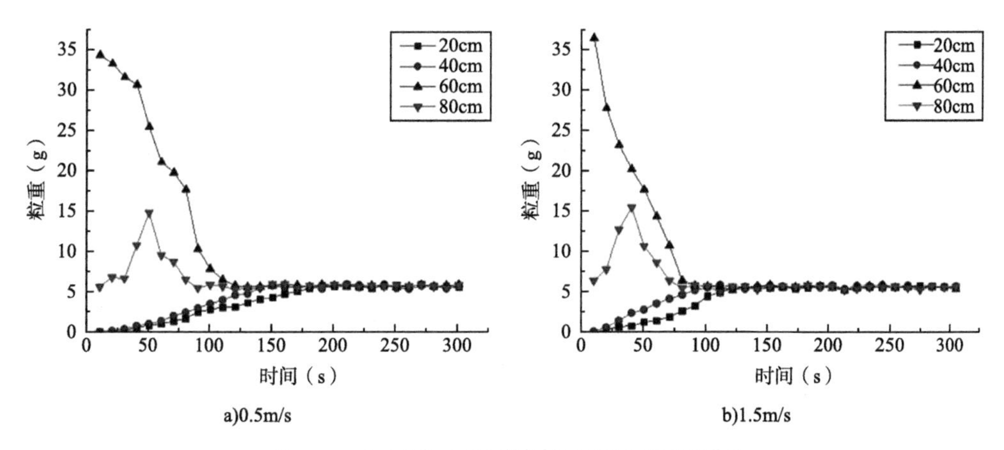

图 3-23 不同垂直切削速度条件下颗粒浓度变化曲线

通过测量不同速度条件下扭矩，如图 3-24 所示，发现 1.5m/s 对应的扭矩远大于 1m/s 时的扭矩，其运行阻力较大，该切削速度条件下，不仅能耗较高，且加快了刀具的磨损，其经济性较差。

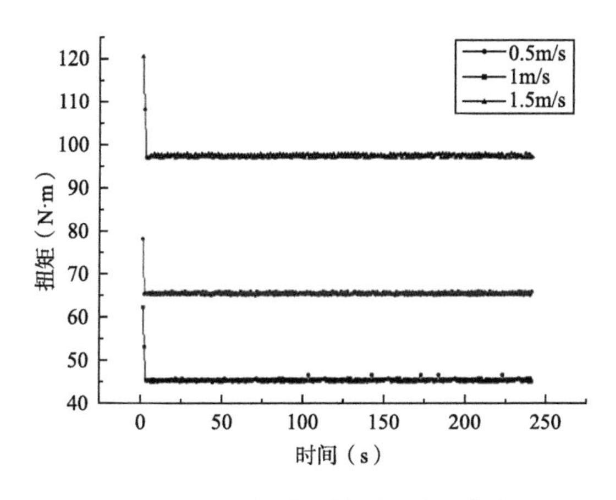

图 3-24 不同垂直切削速度下扭矩曲线

(3)粒径

由固液两相流理论可知，砂颗粒在黏土浆液中静止悬浮，存在一个粒径，大于该粒径的颗粒出现沉降，该粒径由颗粒密度和黏土浆液性质决定。通过上组试验，砂颗粒粒径大于 10mm 时，颗粒搅拌均匀的效率下降，影响搅拌均匀性的主要颗粒，因此开展粒径为 2 ~ 5mm、5 ~ 7.5mm 和10 ~ 15mm 的三组模拟试验，其他试验参数不变。

如图 3-25 所示，四组模拟试验，各深度颗粒重量随时间变化曲线形状基本一致，不同粒径砂颗粒在搅拌后，能够均匀分布于黏土浆液中。通过对比三类不同粒径颗粒浓度随时间变化曲线，直径 2 ~ 5mm 和 5 ~ 7.5mm 颗粒，停止搅拌后，颗粒悬浮在黏土浆液中，未发生沉降。如图 3-25c)所示，当砂颗粒粒径较大时，其颗粒浓度曲线变化剧烈，搅拌均匀时长增加至 28min。停止搅拌后，20cm 和 40cm 采样点出现颗粒沉降，80cm 深采样点出现颗粒沉积。因此，当颗粒直径小于极限粒径时，砂层易被搅拌均匀，且停止搅拌，不发生沉降；反之，砂层难被搅拌均匀，搅拌效率较低,停止搅拌,易发生上部颗粒沉降和下部颗粒堆积。

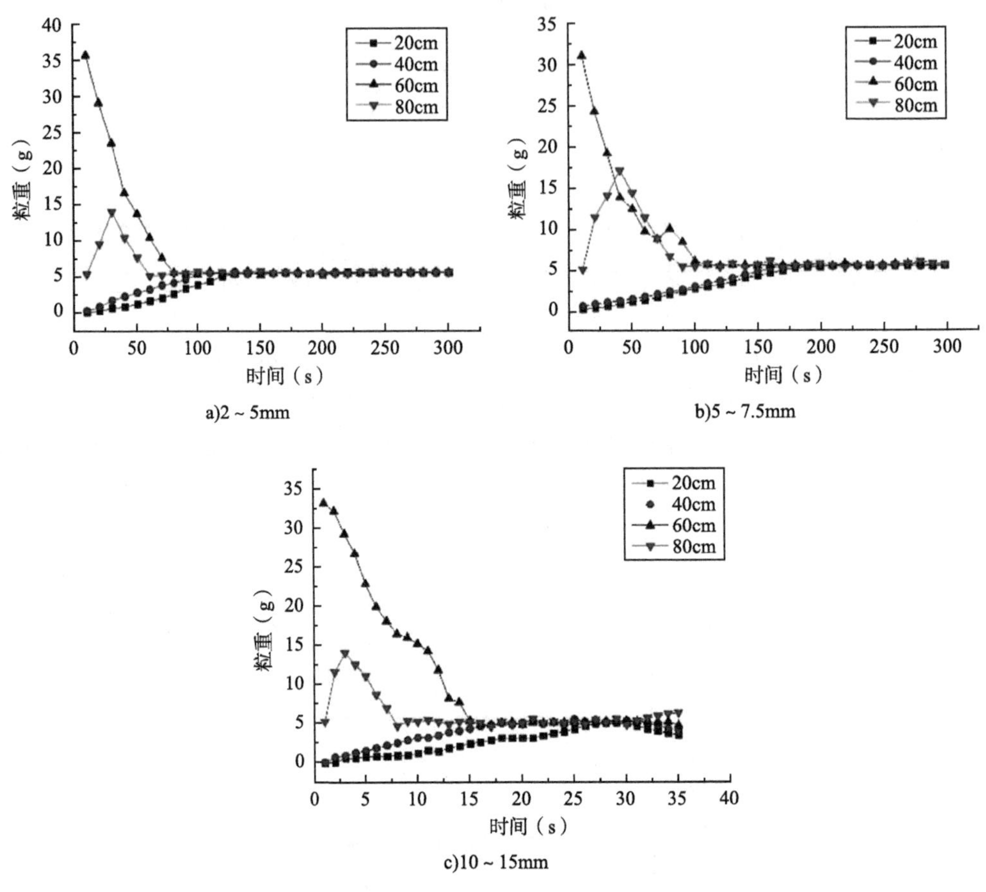

图 3-25　不同粒径的颗粒浓度变化曲线

如图 3-26 所示,四组模拟试验结果发现,在相同参数条件下,不同粒径砂颗粒,对扭矩影响较小,不发生变化。

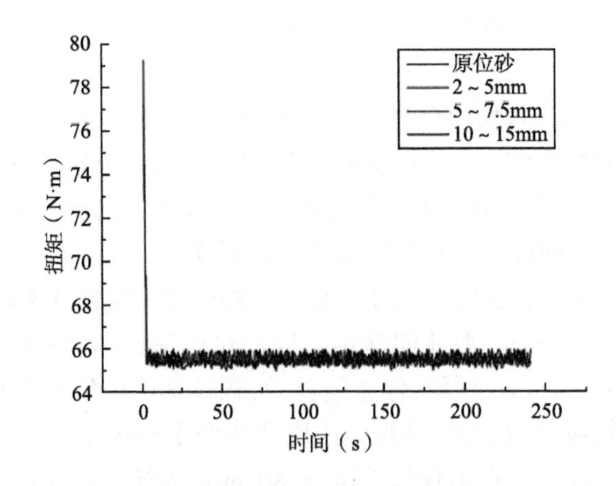

图 3-26　搅拌过程中扭矩随时间变化曲线

(4)埋深

砂层埋深50cm条件下颗粒浓度随时间变化曲线如图3-27所示,埋深50cm砂层比埋深35cm的砂层混合均匀所用时间长约50s。因此,砂层埋深越浅,越容易混合,当多个砂层同时存在时,其混合均匀时间将由埋深较深的砂层决定。

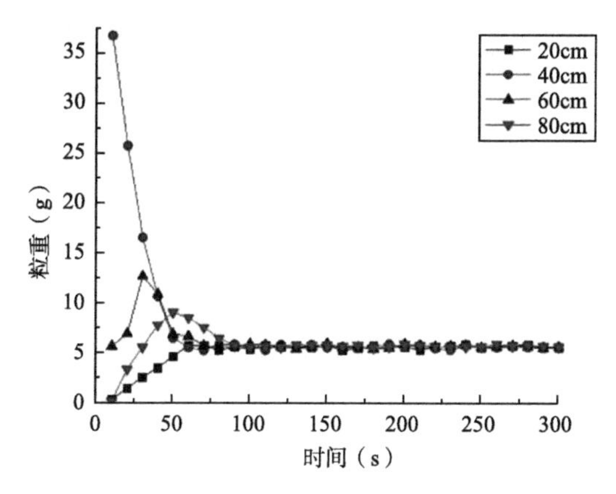

图3-27　砂层埋深50cm条件下颗粒浓度随时间变化曲线

(5)水泥混合时间

为减少水泥浆注入对混合过程的影响,上述数据采集均在未注入水泥浆液之前完成,然而通过多组模型试验发现,当水泥浆液注入后,如搅拌时长不足,将出现如图3-28所示现象,即水泥浆液集中在链条运行区域的附近,未向其他区域扩散,链条的连续性有利于水泥浆液的扩散。因此,应合理控制切削搅拌时间和水泥注入后的混合时间。

图3-28　模型试验中水泥土固结后水泥分布

在上述模型试验中,通过增加注入水泥后的混合时间至搅拌时间时,如图3-29所示,水泥能够混合均匀,通过取样,进行渗透系数和强度测试,见表3-5,满足设计要求。其中粒径10～15mm的模型试验的测试结果,其渗透系数和强度较其他组模型试验偏大,粒径2～5mm的模型试验的测试结果离散性较小,因此,在混合均匀条件下,20%水泥掺量可满足设计要求,砂层埋深和混合速度不影响固化后水泥土的性能,颗粒粒径对水泥土的渗透系数和强度的影响较为明显。

图 3-29 模型试验中水泥土凝固后开挖面

模型试验渗透系数与强度测试结果 表 3-5

编号	试验内容	参数	深度（cm）	渗透系数（cm/s）	无侧向抗压强度（MPa）
1	混合速度	0.5m/s	20	1.25×10^{-8}	1.26
			40	1.08×10^{-8}	1.45
			60	0.95×10^{-8}	1.35
			80	6.35×10^{-8}	0.96
2		1m/s	20	5.42×10^{-8}	1.36
			40	7.31×10^{-8}	1.41
			60	6.18×10^{-8}	1.22
			80	4.51×10^{-8}	1.18
3		1.5m/s	20	2.16×10^{-8}	1.24
			40	5.21×10^{-8}	1.32
			60	2.68×10^{-8}	1.07
			80	6.28×10^{-8}	1.28
4	粒径	2～5mm	20	2.05×10^{-8}	1.06
			40	2.12×10^{-8}	1.13
			60	3.24×10^{-8}	1.09
			80	2.78×10^{-8}	1.14
5		5～7.5mm	20	6.54×10^{-8}	1.25
			40	7.62×10^{-8}	1.36
			60	8.94×10^{-8}	1.21
			80	6.54×10^{-8}	1.33
6		10～15mm	20	2.36×10^{-7}	1.56
			40	4.62×10^{-7}	1.48
			60	5.76×10^{-7}	1.72
			80	3.19×10^{-7}	1.81

续上表

编号	试验内容	参数	深度(cm)	渗透系数(cm/s)	无侧向抗压强度(MPa)
7	埋深	15cm	20	2.22×10^{-8}	1.22
			40	2.15×10^{-8}	1.36
			60	3.68×10^{-8}	1.08
			80	7.41×10^{-8}	1.45

综上所述，通过模型实验对影响混合均匀度的重要参数开展研究，混合时间与混合均匀度成正相关关系，并存在最佳混合时间，当混合时长大于最佳混合时间时，混合均匀度基本无变化，将影响施工效率；垂直切削速度较低时，其混合均匀所需时间较长，混合效率较低，垂直切削速度较高时，其混合均匀所需时间无明显缩短，但是，其混合阻力加大，能耗增加并加快了刀具的磨损，经济性较差；不同粒径颗粒影响混合效率，当粒径小于特别粒径时，对混合效率影响较小，当大于特别粒径时，其混合均匀时长明显增长，特别粒径大小由混合后的泥浆性能决定；砂层埋深越浅，越容易混合，当多个砂层同时存在时，其混合均匀时间将由埋深较深的砂层决定。

3.4.4 混合均匀评价

如图3-30所示，TRD工法的混合过程是将中粗砂层与其地层混合均匀，在水泥浆液注入后，将水泥的强度与其他地层均匀化，因此，为了客观地描述混合均匀程度，采用数学统计的方法进行描述。引入混合指数评价TRD工法的混合均匀度。

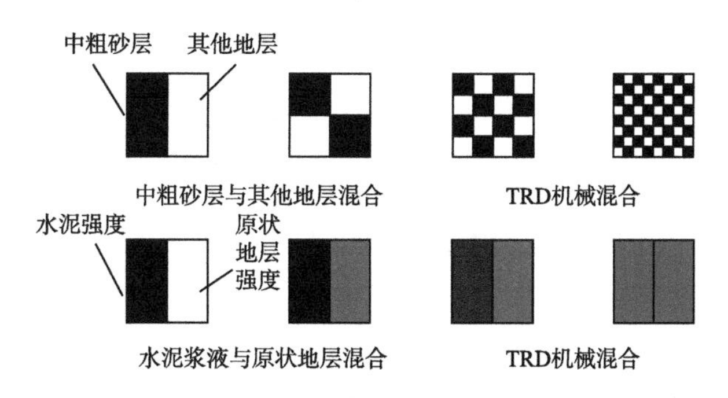

图3-30 颗粒混合和强度混合示意图

(1)评价方法

混合均匀程度用砂颗粒浓度的方差来表示。在砂层混合过程中，对砂颗粒浓度进行n个取样，样本均值为$\bar{x}$，样本方差为s^2，相应总体平均值为μ_X，总体方差为σ_X^2，并可以下列计算：

$$\bar{x}=\frac{1}{n}\sum_{i=1}^{n}x_i \tag{3-29}$$

$$s^2=\frac{1}{n-1}\sum_{i=1}^{n}(x_i-\bar{x})^2 \tag{3-30}$$

变差系数可以用下面公式计算：

$$C_V = \frac{s}{\overline{x}} \tag{3-31}$$

式中：s——样本标准差。

由统计分析理论可知，完全未混合状态下的样本方差 s_0^2 可以定义为：

$$s_0^2 = \overline{x}(1 - \overline{x}) \tag{3-32}$$

γ 为混合强度：

$$\gamma = \frac{s^2}{s_0^2} = \frac{s^2}{\overline{x}(1 - \overline{x})} \tag{3-33}$$

当 $\gamma = 1$ 时，为混合，当 $\gamma = 0$ 时，为混合均匀。

完全随机混合物的样品浓度方差 s_R^2，表示为可以在一个试样任意位置找到的颗粒。

$$s_R^2 = \frac{\overline{x}(1 - \overline{x})}{n_p} \tag{3-34}$$

其中，n_p 为每个样本中的颗粒浓度。由式(3-37)可知，每个样品中颗粒浓度的增加，使得颗粒在混合区域内分布得更加均匀，使得样品的随机方差相应减小。这意味着，它更容易达到一个良好的混合质量。

因此，为了确定混合质量，必须估计样品的最小数量、适当的振幅和可靠的测量技术和分析方法。

根据统计实践，大约需要30个样本，才能获得未知均值和未知方差的正常总体平均值的良好近似值。必须有足够的证据来支持详细审查的范围，并且必须从不同的地方获取样本(样本随机选择)。

假设抽样引起的错误操作和分析过程是独立的，混合过程中的总浓度差异 σ_X^2 可由下列公式计算：

$$\sigma_X^2 = \sigma_{\text{mixing}}^2 + \sigma_{\text{analysis}}^2 + \sigma_{\text{sampling}}^2 + \sigma_{\text{purity}}^2 \tag{3-35}$$

式中，$\sigma_{\text{analysis}}^2$，$\sigma_{\text{sampling}}^2$ 和 σ_{purity}^2 分别为分析错误方差，抽样错误方差和纯度方差；σ_{mixing}^2 方差是由于不理想的混合，在完全随机状态，将减少 σ_R^2 值。

(2)混合指数

由这种统计方法定义了混合指数：

$$I_{\text{mix}} = \frac{\text{混合的量}}{\text{可能发生的混合量}} = \frac{s_0^2 - s^2}{s_0^2 - s_R^2} = 1 - \frac{s^2}{s_0^2} \tag{3-36}$$

混合指数表示混合物混合均匀程度。当完全未混合时，它等于0，当完全混合时，它等于1。但是，式(3-36)中定义的混合指数对混合质量相对不敏感。更敏感的参数可以表示为：

$$I_{\text{mix}} = 1 - \frac{s}{s_0} \tag{3-37}$$

因此，式(3-37)是根据混合泥浆中砂颗粒含量来确定混合程度的一种简单而有效的统计工具。

3.5　TRD抗渗性能数值模拟研究

TRD作为一种新型的止水帷幕,因其应用地层主要为第四系软弱地层,因此主要隔断第四系潜水层,其止水效果不仅取决于成墙质量,还取决于墙体几何参数,即墙体厚度和入土深度。墙体厚度由TRD刀具宽度决定,较为常用的宽度为550mm、850mm和1100mm。因施工区域无不透水基岩层或不透水基岩层较深时,TRD墙体无法插入不透水层,该类为悬挂式止水帷幕。TRD墙体插入不透水基岩层即为落底式止水帷幕,可与不透水层形成封闭区域,该类帷幕止水性能较好。

如上所述,止水帷幕根据墙体入土深度与不透水层关系分为悬挂式止水帷幕和落底式止水帷幕。墙体的止水性能与墙体厚度直接相关,TRD墙体厚度和入土深度直接影响着止水的效果。

由于落底式止水帷幕可以插入不透水基岩层,并与不透水基岩层联合形成封闭区域,故该类型止水帷幕墙体厚度影响着该类墙体的止水性能。悬挂式止水帷幕因无法插入不透水层,需通过增加入土深度,增加水流渗流路径的方法,提高基坑抗渗能力,同时,墙体厚度决定了水平方向的抗渗能力,因此,该类型止水帷幕与TRD墙体的厚度和入土深度有密切关系。同时,墙体总是出现不同程度的混合不均,即渗透系数具有一定离散性,因此,TRD墙体搅拌混合的均匀程度也影响着两类墙体的止水性能。

为了研究TRD墙体厚度、入土深度以及墙体搅拌混合的均匀度对两类止水帷幕的止水性能的影响情况,以某地铁车站基坑为工程背景,基于COMSOL Multiphysics软件建立了相应的有限元分析模型,通过分析基地涌水量的变化,揭示了三种因素对于两种止水帷幕的止水影响机制。

3.5.1　差值函数描述混合均匀度

TRD墙体因混合过程的影响,墙体不同位置处的混合度不同,故其对应位置处的渗透率也有所差异,所以在计算TRD墙体不同混合均匀度的工况时,进行如下设置,在COMSOL模型中引入差值函数 $k=h(x,y,z)$,通过不同坐标位置处差值点的值表示该位置处渗透率。该差值函数可以通过 $M\times4$ 维的矩阵表示,且 M 值由实际TRD墙体的尺寸确定,如图3-31所示。

3.5.2　计算模型与参数

由于基坑工程地质条件较为复杂,建立有限元计算模型时进行了一定简化,即取对称面一侧建立模型,取模型的一半进行研究。模型尺寸为114.98m×50m×45.5m,如图3-32所示。共设置TRD墙体、基岩层、素填土、中砂层、含黏性土粗粒砂层、强风化层。基坑深度为26m,基坑的面积为30m×45.5m。对于落底式止水帷幕而言,插入深度H为零。

基坑模型边界条件与网格划分如图3-33所示,模型上、下、左、右边界均为不透水边界,基坑底部为自由流出边界。

参照现场地质勘察报告中的围岩力学参数试验与类似工程经验,TRD墙体、基岩层、素填土、中砂层、含黏性土粗粒砂层、强风化层按照表3-6取值。

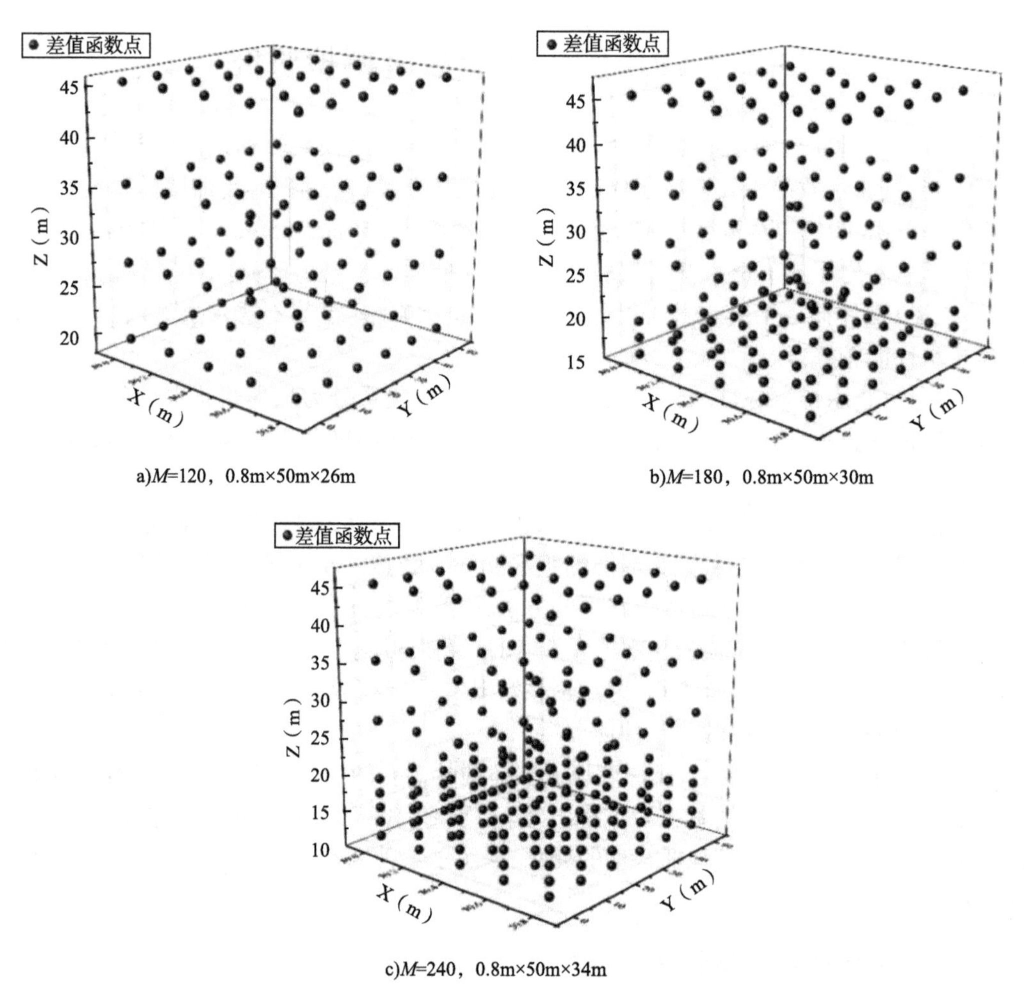

a)M=120，0.8m×50m×26m

b)M=180，0.8m×50m×30m

c)M=240，0.8m×50m×34m

图 3-31　不同尺寸 TRD 墙体差值函数

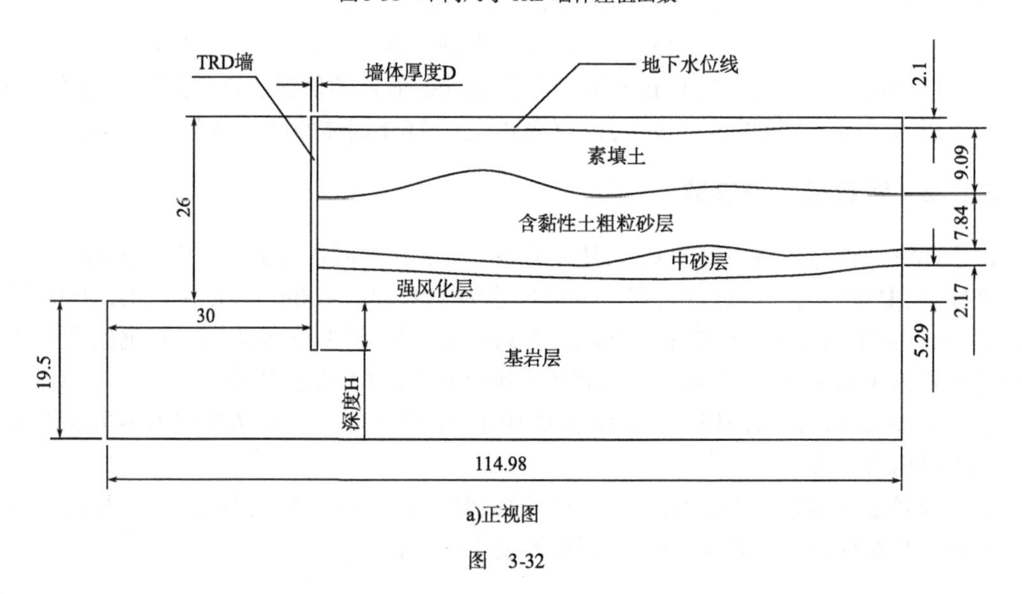

a)正视图

图　3-32

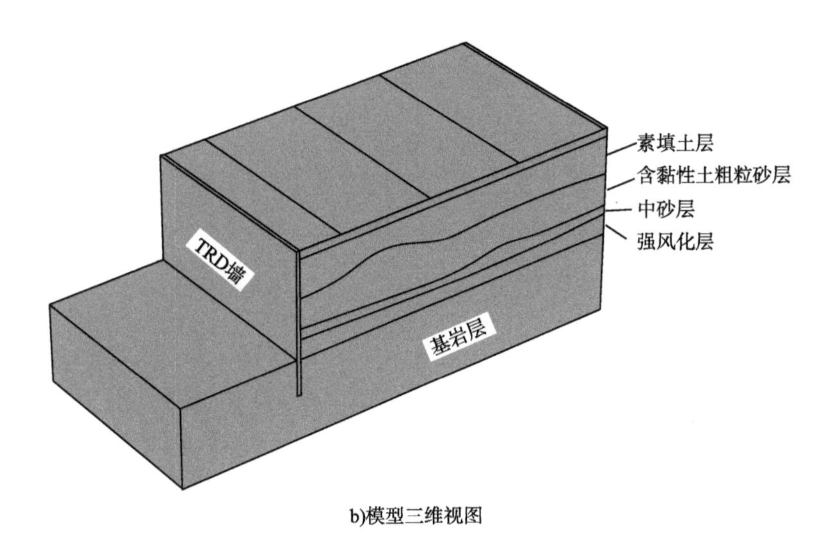

b)模型三维视图

图 3-32 基坑模型示意图(尺寸单位:m)

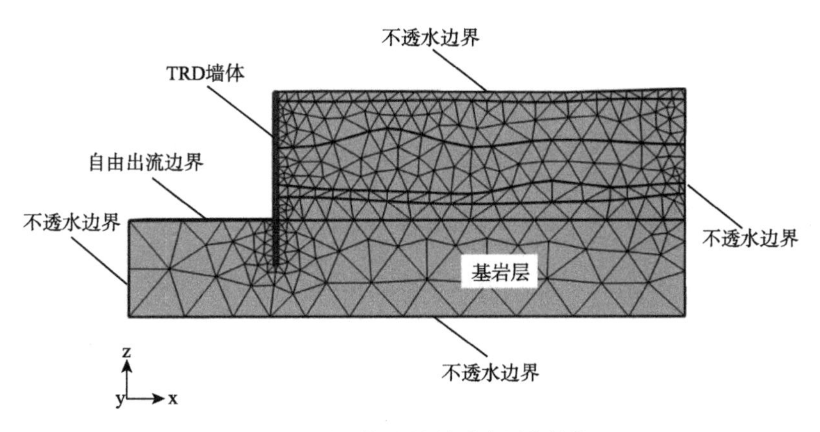

图 3-33 基坑模型边界条件与网格划分

地层参数取值 表 3-6

材料名称	渗透率(m^2)	孔隙率
TRD 墙体	1.02×10^{-16}	0.25
素填土	3.63×10^{-14}	0.38
含黏性土粗粒砂层	6.49×10^{-12}	0.56
中砂层	4.49×10^{-14}	0.41
强风化层	5.68×10^{-14}	0.42
基岩层	7.56×10^{-15}	0.32

如前述,TRD 墙体的厚度、入土深度以及混合的均匀程度影响着落底式与悬挂式两类止水帷幕。其中 TRD 墙体混合均匀度直接影响着墙体本身的渗透系数,故在计算工况设置时,将 TRD 墙体不同位置处设置不同的渗透系数,以表征 TRD 墙体的混合均匀度。两类止水帷幕的计算工况见表 3-7,共计进行 18 组数值模拟。

计算工况 表 3-7

序号	类型	墙体厚度(m)	均匀程度	序号	类型	墙体厚度(m)	均匀程度
1	落底式止水帷幕	0.2	均匀	9	悬挂式止水帷幕	0	均匀
2			非均匀	10			非均匀
3		0.4	均匀	11		2	均匀
4			非均匀	12			非均匀
5		0.6	均匀	13		4	均匀
6			非均匀	14			非均匀
7		0.8	均匀	15		6	均匀
8			非均匀	16			非均匀
				17		8	均匀
				18			非均匀

下面分别对上述两类止水帷幕不同工况条件下,进行数值模拟计算,获得了计算区域压力分布图、流速与流线分布图、墙体压力分布图和基底涌水量。计算区域压力分布是基于该地层参数条件下,使得不同深度的静水压力分布直观化;流速和流线分布图是在 TRD 的影响下,模拟各地流速和流线变化;墙体压力分布图是模拟不同工况条件下,TRD 墙体所承受的静水压力分布;基地涌水量是现场最直观表现,是检验模拟结果正确与否的关键参数。

3.5.3 落底式 TRD

TRD 作为落底式止水帷幕,需进入不透水层一定距离,在设计中 0.5 ~ 1m 的距离,然而在实际施工中,不透水层往往是基岩,其硬度较大,TRD 切削搅拌过程中较难进入,需在施工过程中精细控制,在数值计算模型,假设 TRD 插入深度为 0。

(1)计算区域压力分布

图 3-34 为不同墙体厚度和混合条件下计算区域水压力分布图。由图可知,基坑底面与地表水压力较低,越接近深部基岩,水压力越高。由地表至基坑底部,TRD 墙体上所受水压力逐渐增大。随着 TRD 墙体厚度的增加,混合均匀对整个计算区域的压力场分布影响不大。

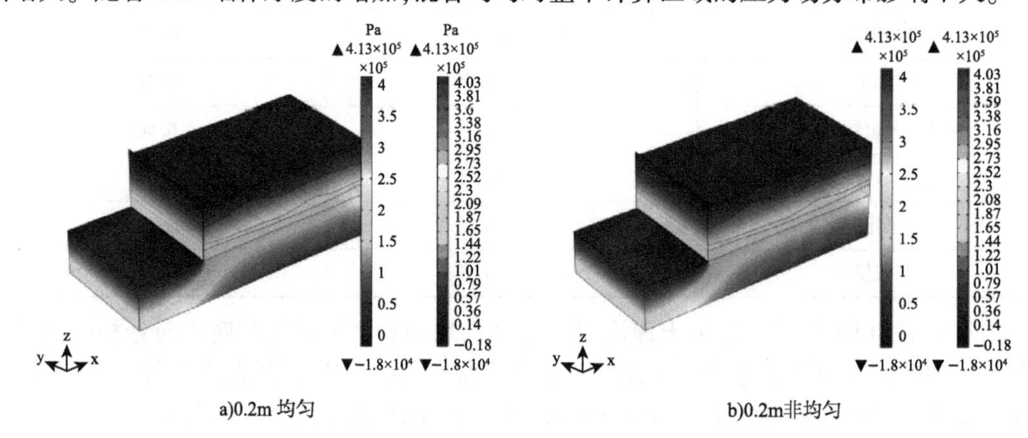

a)0.2m 均匀　　b)0.2m非均匀

图 3-34

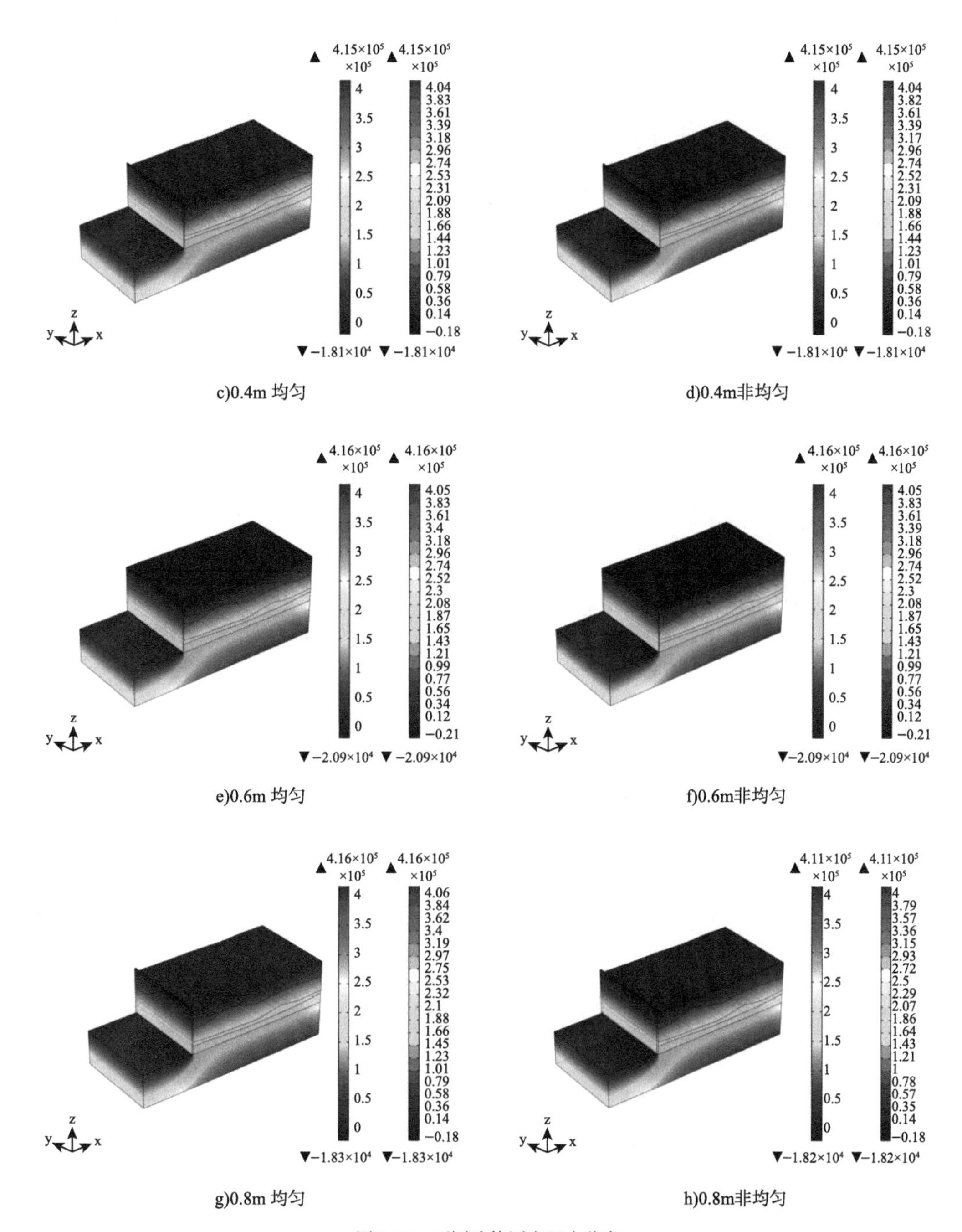

c)0.4m 均匀　d)0.4m非均匀

e)0.6m 均匀　f)0.6m非均匀

g)0.8m 均匀　h)0.8m非均匀

图 3-34　不同墙体厚度压力分布

(2)计算区域流速与流线分布

由图 3-35 可知,对于落底式止水帷幕而言,在 TRD 墙与基坑底部交界位置,渗流速度明显较大,由此表明该位置处是止水帷幕抗渗薄弱部位,容易发生涌水灾害。对于非均匀混合与均匀混合 TRD 墙体,随着墙体厚度的增加,基坑底部与 TRD 墙交界位置处的最大渗流速度明显降低,由此说明,通过增加 TRD 墙体的厚度能够降低落底式止水帷幕基坑涌水的风险。

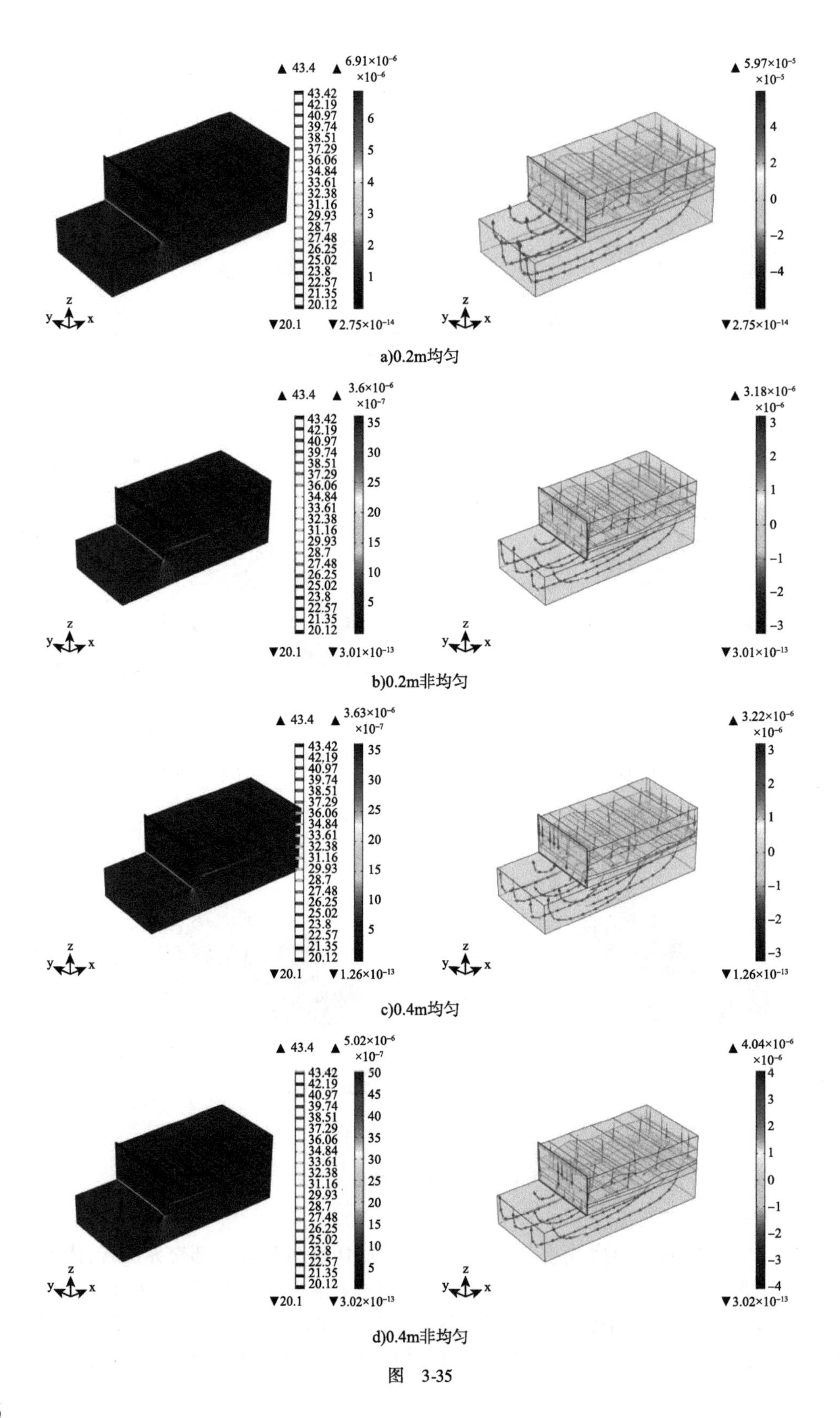

a)0.2m均匀

b)0.2m非均匀

c)0.4m均匀

d)0.4m非均匀

图 3-35

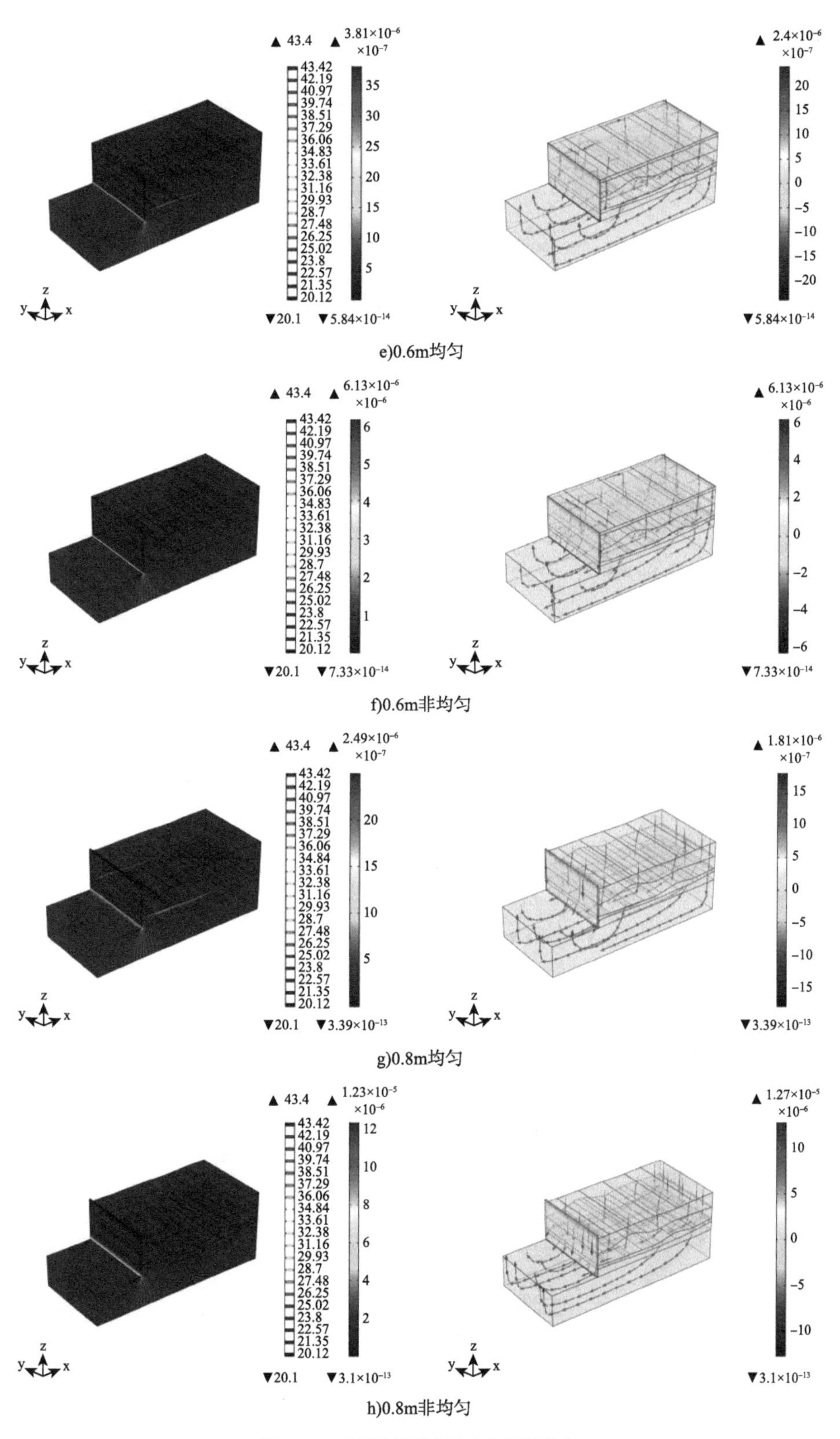

图 3-35　不同墙体厚度流速与流线分布

(3)TRD 墙体压力分布

图 3-36 为不同厚度均匀与非均匀 TRD 墙体压力分布,由图可知,作用于 TRD 墙体上的渗流压力具有明显的区域化特征,越靠底部渗流压力越大。随着 TRD 墙体厚度增加,作用于墙体的渗流压力逐渐降低,由此表明,通过增加 TRD 墙体的厚度,能够降低作用于墙体上的渗流压力以提高止水帷幕的抗倾覆能力。

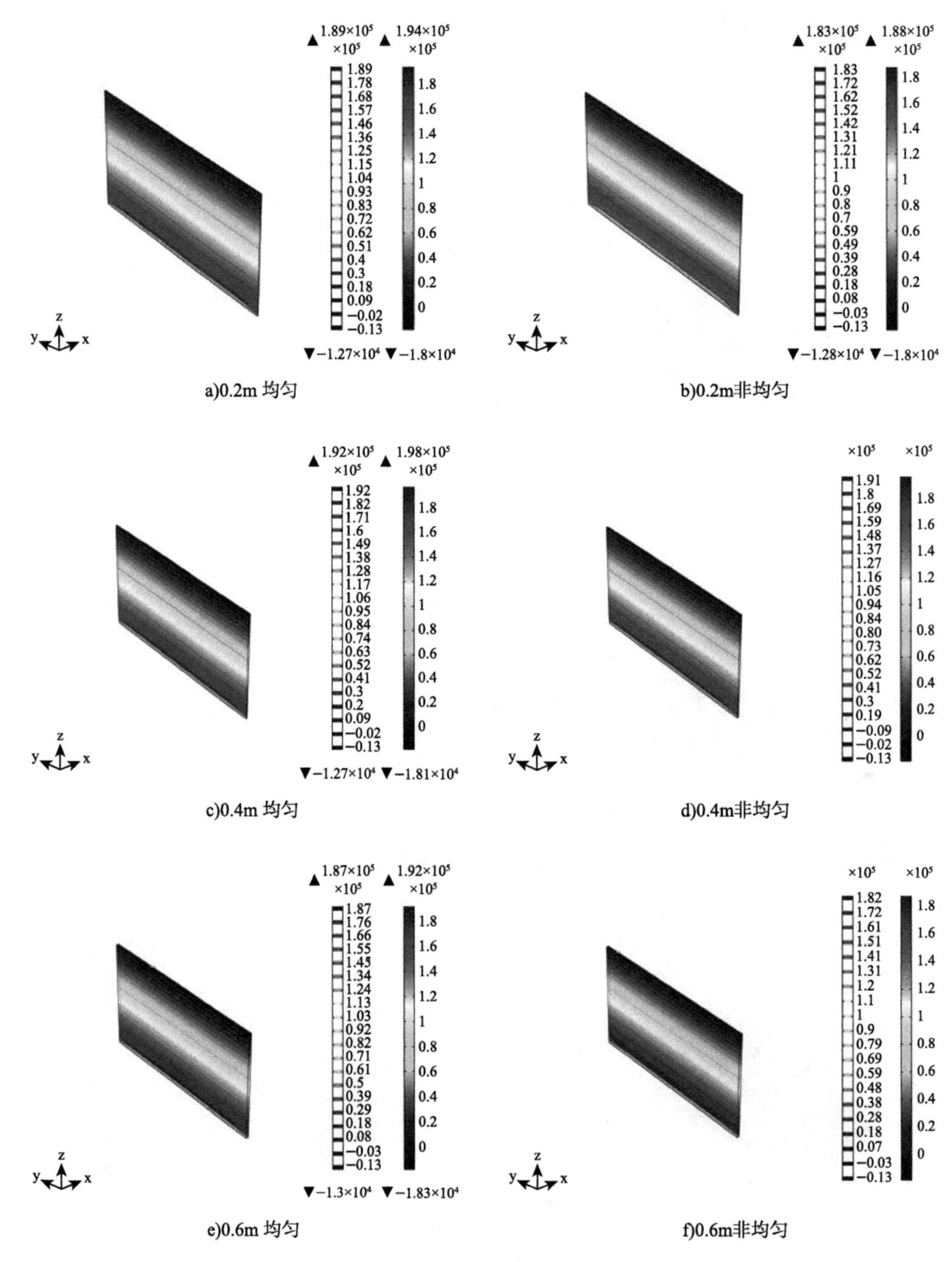

a)0.2m 均匀　b)0.2m非均匀

c)0.4m 均匀　d)0.4m非均匀

e)0.6m 均匀　f)0.6m非均匀

图 3-36

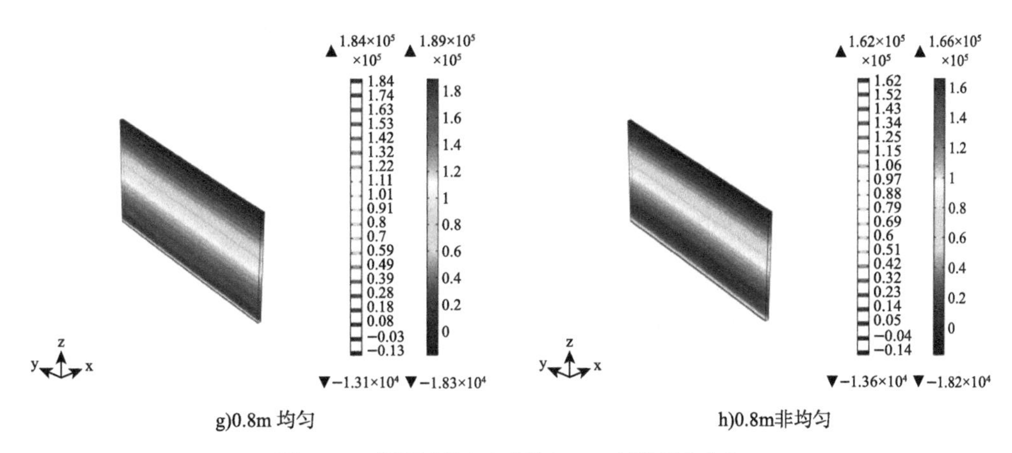

g)0.8m 均匀　　h)0.8m非均匀

图 3-36　不同厚度均匀与非均匀 TRD 墙体压力分布

(4)落底式止水帷幕基底涌水量

图 3-37 和图 3-38 分别为不同厚度的均匀与非均匀 TRD 墙体基底涌水量。如图可知，随着墙体厚度的增加，设置了均匀与非均匀 TRD 墙体，基地涌水量明显降低，且均匀厚度工况下，基坑涌水量呈近似线性降低趋势，而非均匀 TRD 墙体，其基坑涌水量呈加速降低趋势。结合实际工程，在工程预算允许的前提下，应尽量提高 TRD 墙体的厚度以保证工程的安全性。

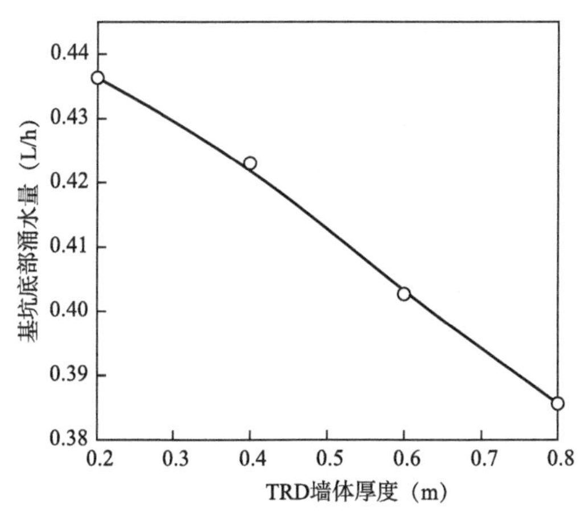

图 3-37　不同厚度均匀 TRD 墙体基底涌水量

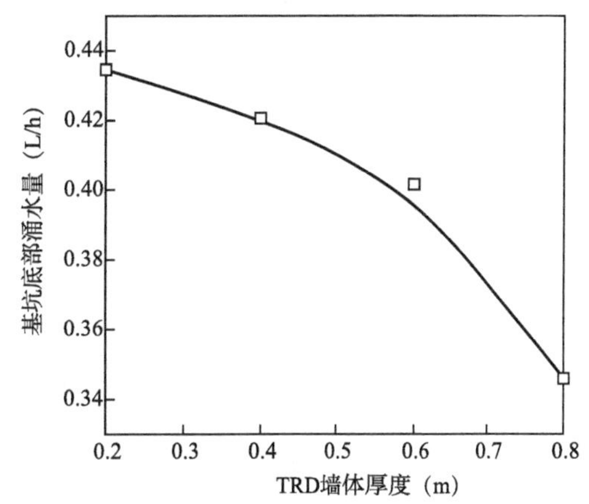

图 3-38　不同厚度非均匀 TRD 墙体基底涌水量

由上述计算结果可知，在墙体混合均匀条件下，基坑涌水量与墙体厚度呈负相关，且趋向于直线式，因此，为了进一步定量化表征落底式止水帷幕基坑底部涌水量与 TRD 墙体厚度之间的关系，为 TRD 施工设计提供依据，对二者关系进行拟合。拟合结果如图 3-39 所示。

$$B = 5.25Q - 11.53 \tag{3-38}$$

式中：B——TRD 墙体厚度(m)。

上式即为该计算参数条件下，TRD 墙体厚度与基坑涌水量的关系式。根据不同类型基坑对涌水量的要求，设计不同厚度的 TRD 墙体。

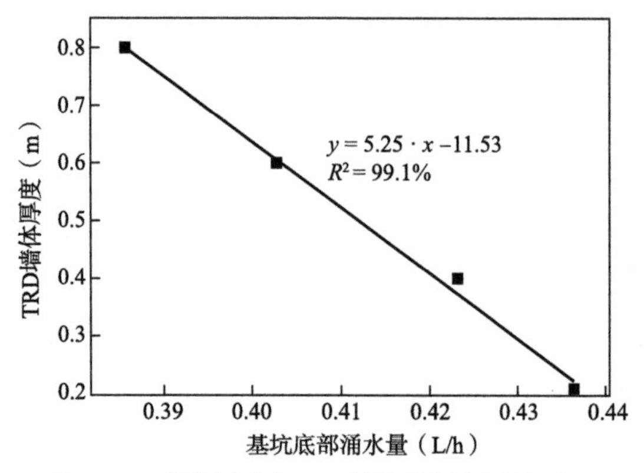

图 3-39　不同厚度均匀 TRD 墙体基底涌水量拟合图

3.5.4　悬挂式 TRD

TRD 作为悬挂式止水帷幕,其入土深度和墙体厚度均为设计关键参数,在基坑稳定性验算中,该入土深度与围护桩入土深度不同,仅用于进坑涌水量计算等,应加以区分。

(1)计算域压力分布

图 3-40 为不同嵌入深度均匀与非均匀 TRD 墙体压力分布。悬挂式止水帷幕整个计算区域压力分布与落底式止水帷幕压力分布较为相似,均是越靠近基岩深部,水压力越大。但是二者有明显区别,对于悬挂式止水帷幕,基底深部的低渗压区域范围明显高于落地式止水帷幕。低渗压区域范围越大,基地渗水量也就越小。

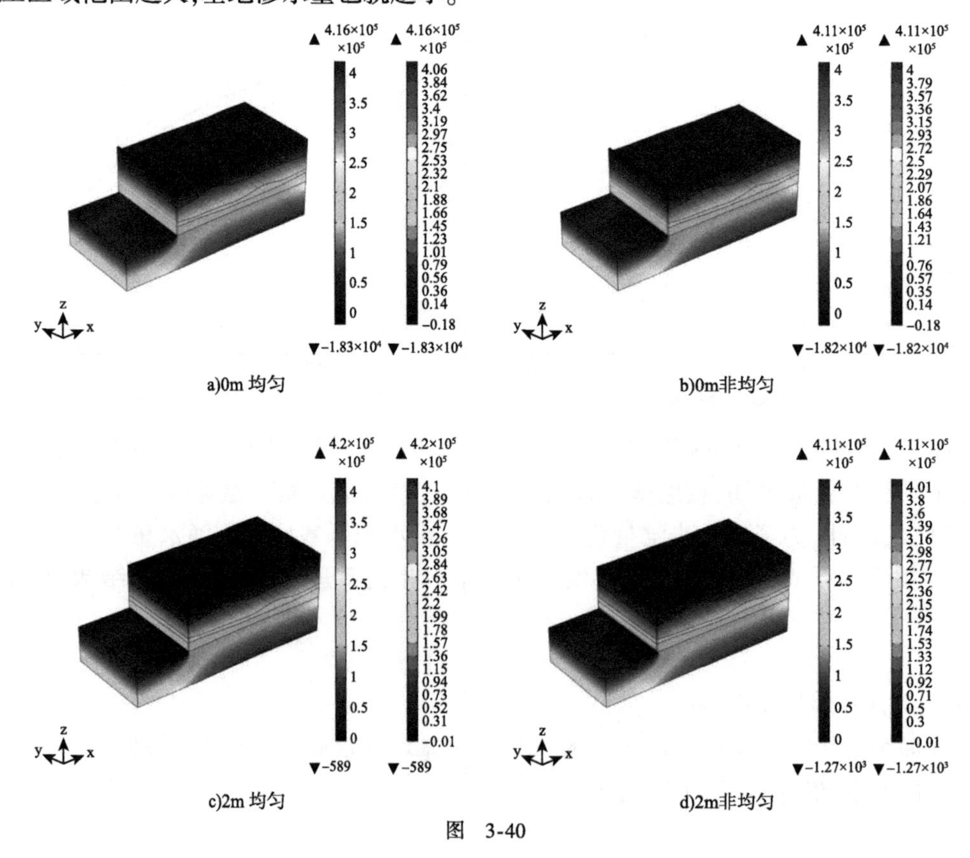

图　3-40

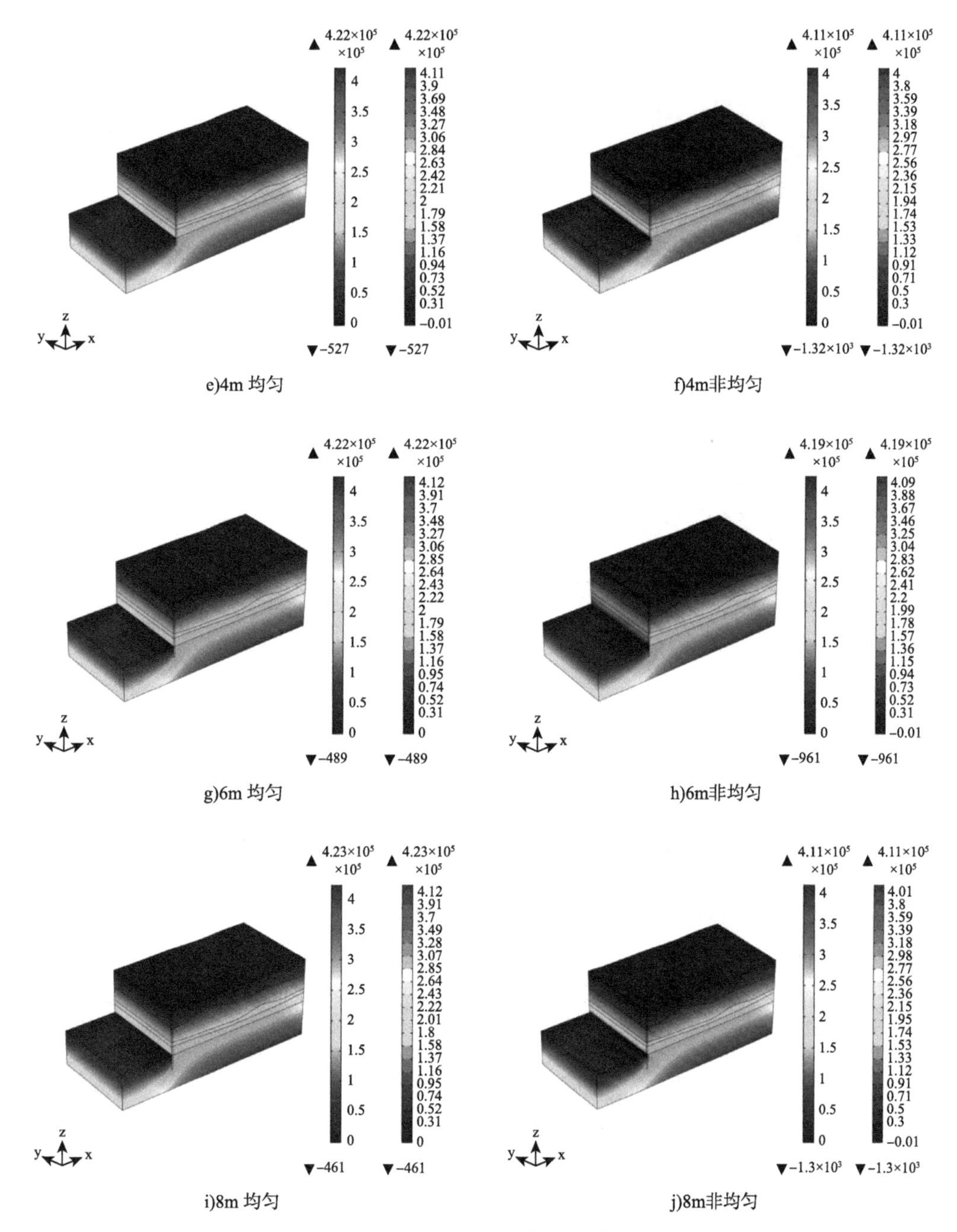

e)4m 均匀

f)4m非均匀

g)6m 均匀

h)6m非均匀

i)8m 均匀

j)8m非均匀

图 3-40　不同入土深度压力分布

(2)计算域流速与流线分布

图 3-41 为不同嵌入深度均匀与非均匀 TRD 墙体流速与流线分布。由图可知,TRD 墙体的入土深度决定了最大流速的出现位置。随着入土深度的增加,越靠近墙体入土的底部,渗流速度越大。这表明通过增加墙体的入土深度,可以降低基坑底部的流速场,以降低基底的涌水速度。

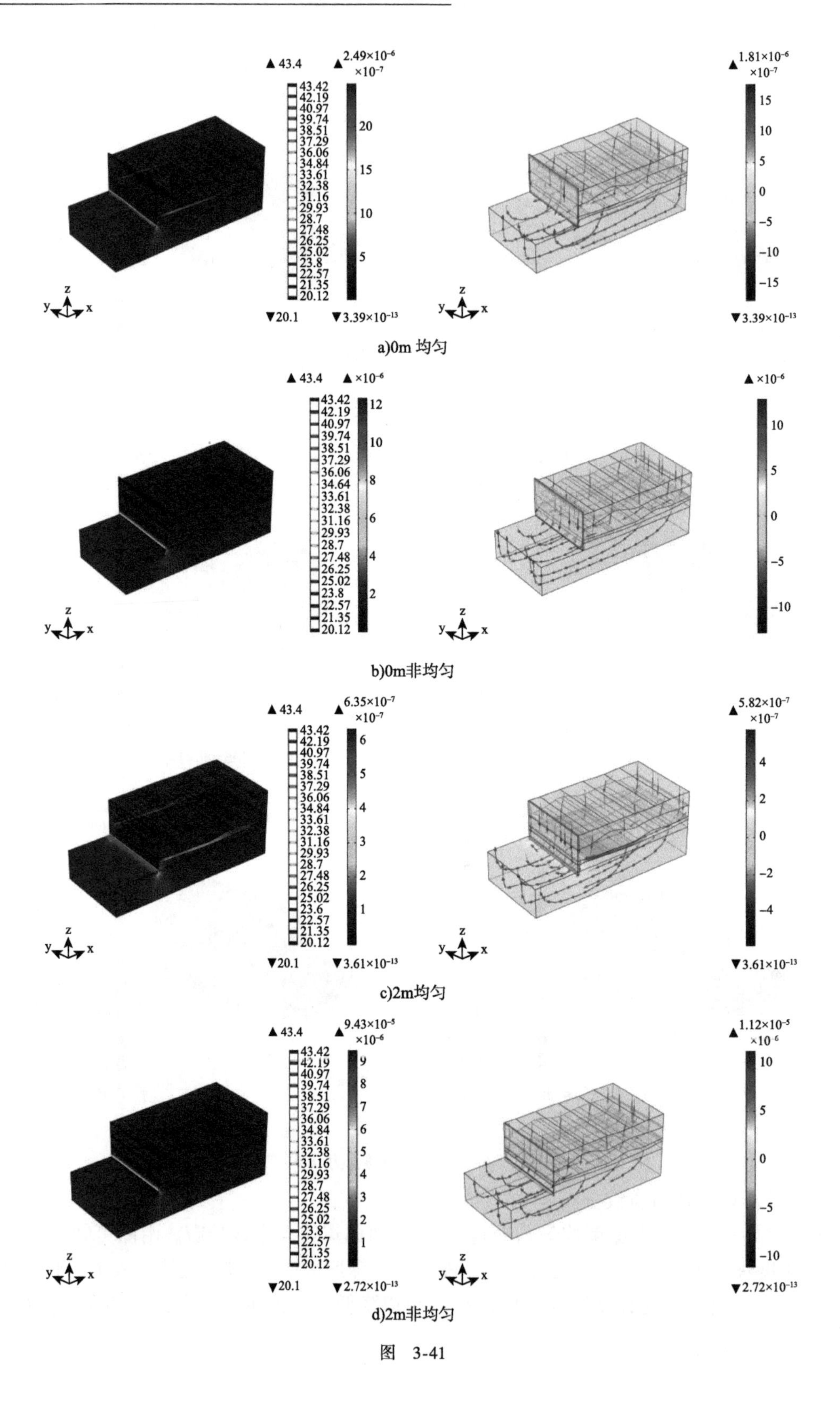

a)0m 均匀

b)0m非均匀

c)2m均匀

d)2m非均匀

图 3-41

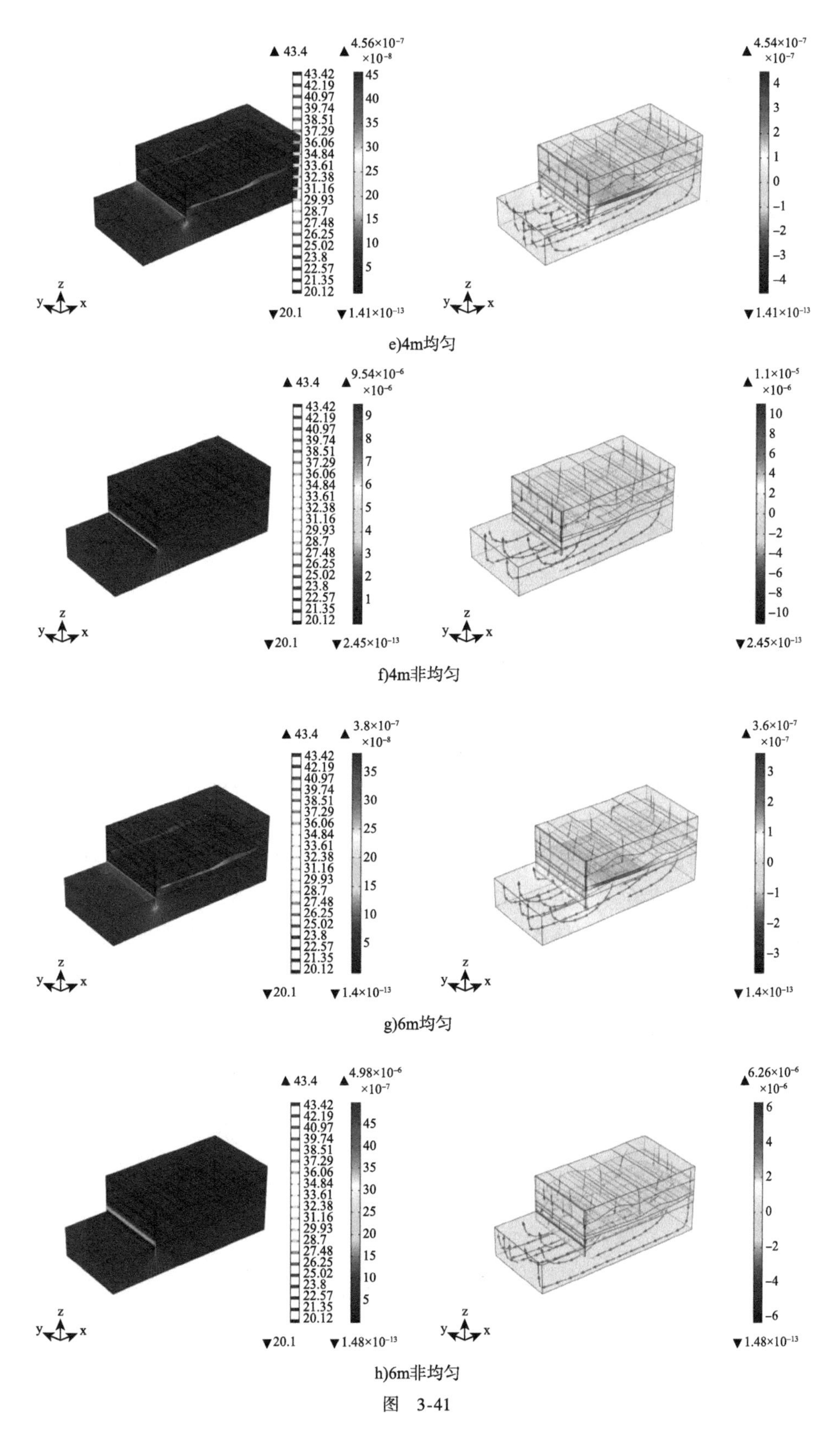

e)4m均匀

f)4m非均匀

g)6m均匀

h)6m非均匀

图　3-41

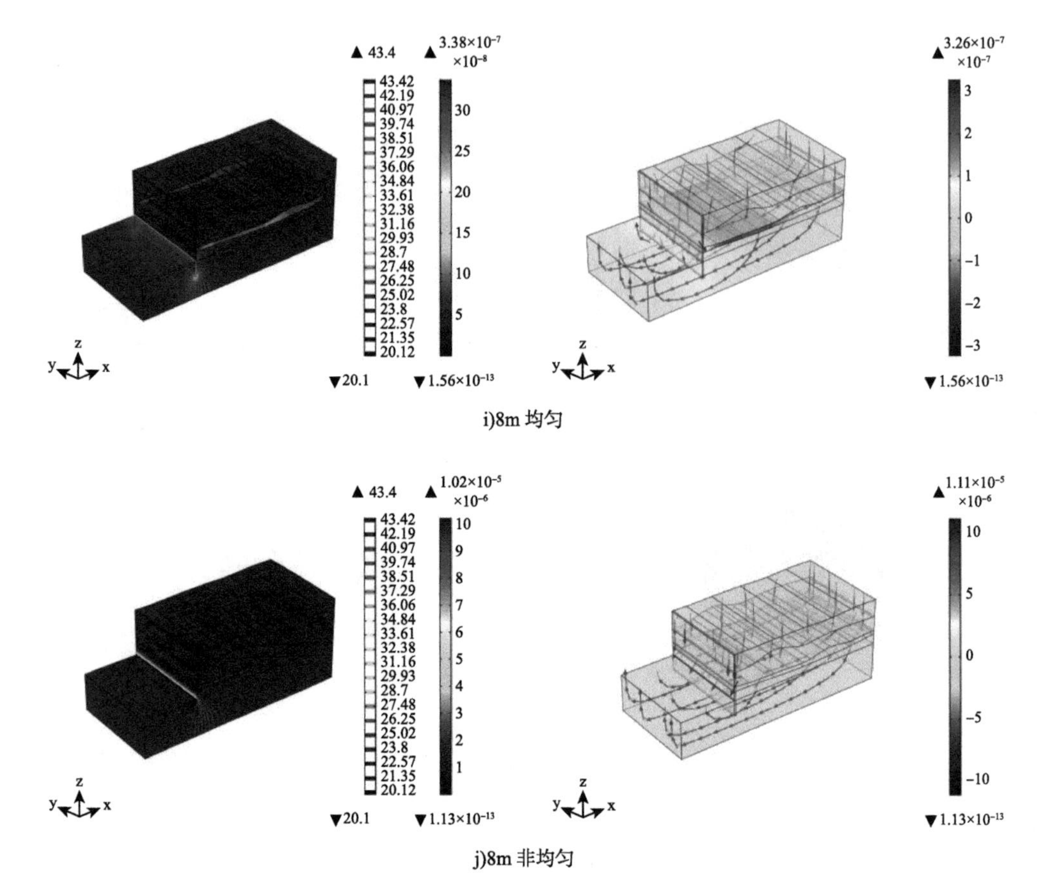

i)8m 均匀

j)8m 非均匀

图 3-41　不同入土深度均匀与非均匀 TRD 墙体流速与流线分布

(3)TRD 墙体压力分布

图 3-42 为不同入土深度均匀与非均匀 TRD 墙体渗压分布图,由图可知,不同入土深度 TRD 墙体其渗压分布存在一定差异。当 TRD 墙体入土深度较小时,TRD 墙体与基底交界位置处所受渗压较大。而 TRD 墙体入土深度较大时,除了交界位置处渗压较大,TRD 墙体入土底部渗压也较大。

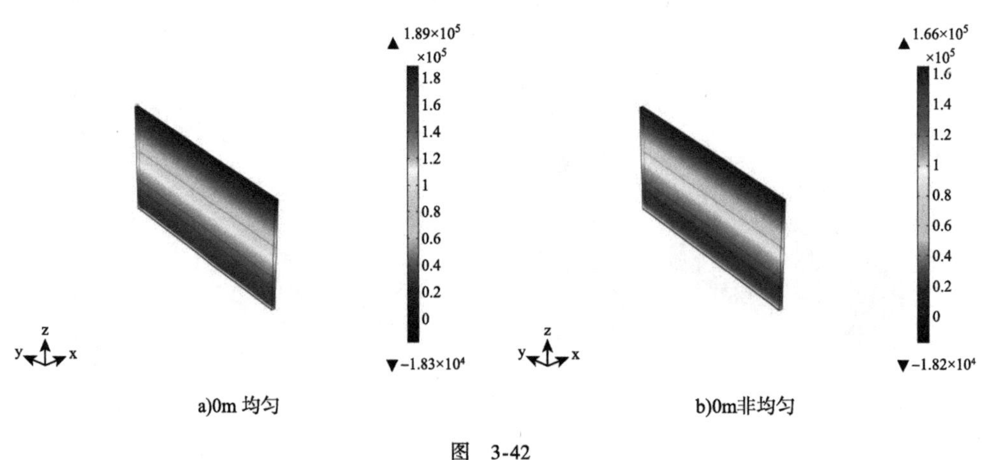

a)0m 均匀　　b)0m非均匀

图　3-42

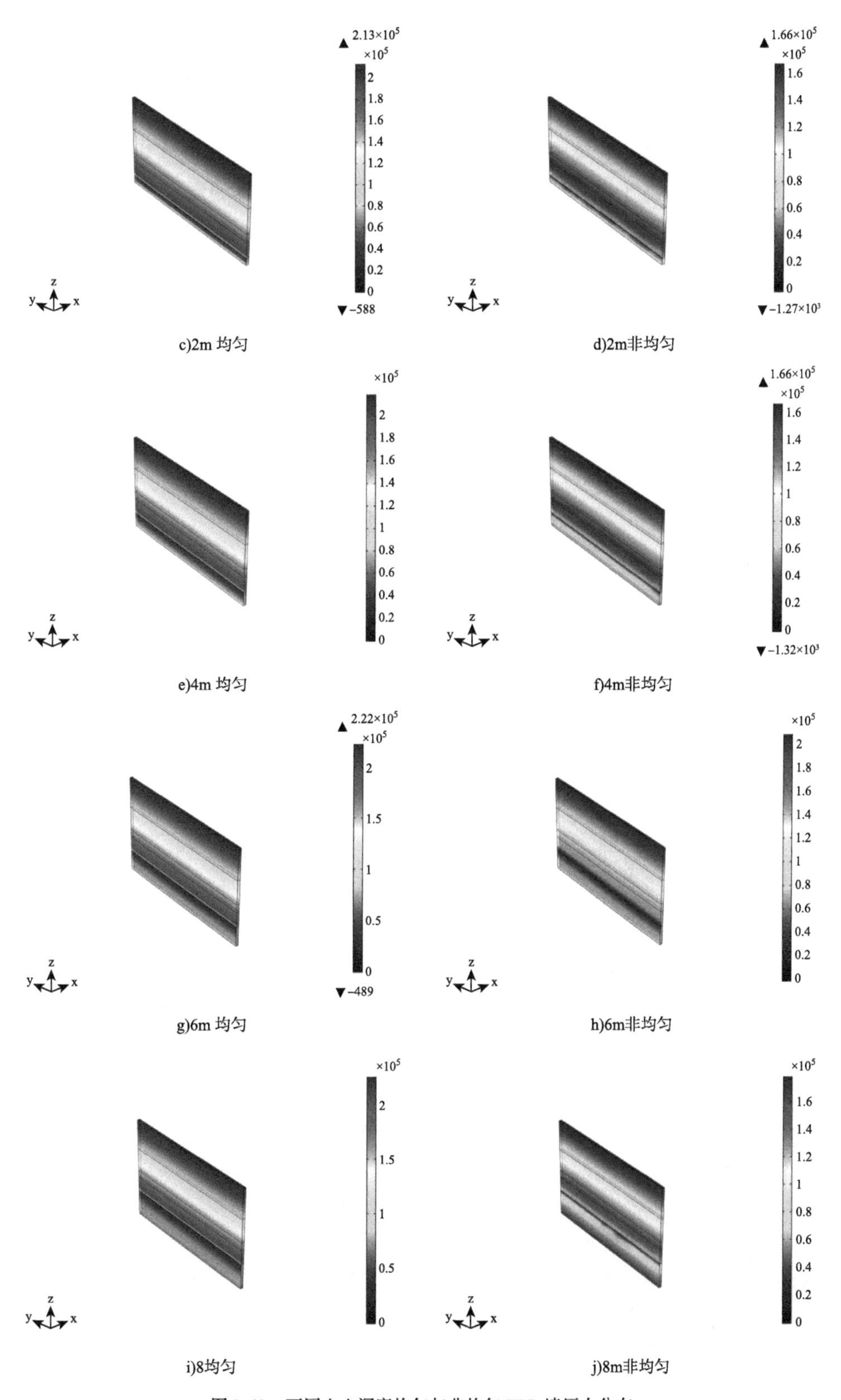

图 3-42 不同入土深度均匀与非均匀 TRD 墙压力分布

(4)悬挂式止水帷幕基底涌水量

图3-43和图3-44为不同入土深度均匀与非均匀TRD墙体基底涌水量。由图可知，随着TRD墙体嵌入深度的增加，对于均匀混合的TRD墙体，基坑底部涌水量逐渐降低。对于非均匀混合的TRD墙体，随着入土深度的增加，基坑底部涌水量基本呈降低趋势，但部分大的入土深度墙体基底涌水量略高于小的入土深度基底涌水量，TRD墙体的混合度是主要影响因素。造成这一结果的原因是当TRD搅拌成墙质量较差，其不同位置处渗透性离散性也较大。

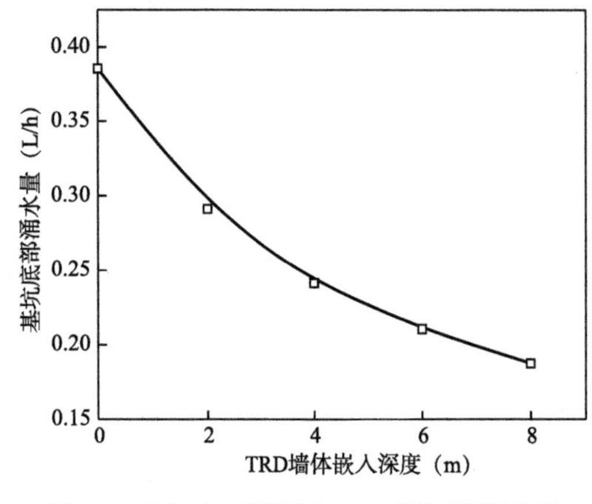

图3-43　不同入土深度均匀TRD墙体基底涌水量

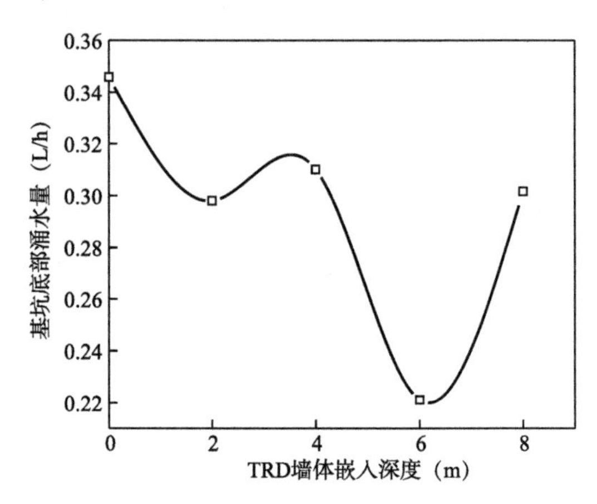

图3-44　不同入土深度非均匀TRD墙体基底涌水量

为了进一步定量化表征悬挂式止水帷幕基坑底部涌水量与TRD墙体入土深度之间的关系，为TRD施工设计提供依据，对二者关系进行拟合。拟合结果如图3-45所示。

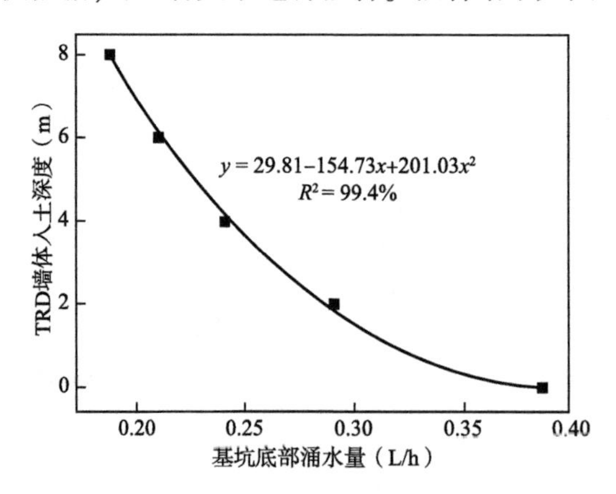

图3-45　不同嵌入深度均匀TRD墙体基底涌水量拟合关系

由图3-45可知：

$$H' = 29.81 - 154.73Q + 201.03Q^2 \tag{3-39}$$

式中：H'——TRD墙体入土深度(m)。

上式即为该计算参数条件下，TRD墙体入土深度与基坑涌水量的关系式。根据不同类型基坑对涌水量的要求，设计不同入土深度的TRD墙体。

(5)基底稳定性验算

对于悬挂式止水帷幕，TRD入土深度除满足控制基底涌水量要求外，对于基底面为砂质土情况，应满足抗砂涌验算，当基底面为黏土时，应满足基底抗隆起稳定性验算。

3.6 本章小结

通过理论分析和试验研究，设计建造了TRD模型试验系统，获得了混合参数和砂层参数对TRD成墙质量的影响机制，基于COMSOL Multiphysics软件建立了相应的有限元分析模型，研究了TRD墙体搅拌混合的均匀度对两类止水帷幕的止水性能的影响情况，得出以下结论：

(1)研发了TRD混合过程模型试验装置，该机器主要部分包括垂直切削搅拌装置、水平移动装置、注浆装置、箱体和机器台，基于现场试验，验证了模型试验装置的可靠性。该装置可分别对混合时间，垂直切削速度、砂层颗粒级配以及埋深进行试验，获得了各因素对成墙质量影响的规律。

(2)通过模型实验对影响混合均匀度的重要参数开展研究，混合时间与混合均匀度成正相关关系，并存在最佳混合时间，当混合时长大于最佳混合时间时，混合均匀度基本无变化，将影响施工效率；垂直切削速度较低时，其混合均匀所需时间较长，混合效率较低，垂直切削速度较高时，其混合均匀所需时间无明显缩短，但是，其混合阻力加大，能耗增加并加快了刀具的磨损，经济性较差。

(3)不同粒径颗粒影响混合效率，当粒径小于特别粒径时，对混合效率影响较小，当大于特别粒径时，其混合均匀时长明显增长，特别粒径大小由混合后的泥浆性能决定；砂层埋深越浅，越容易混合，当多个砂层同时存在时，其混合均匀时间将由埋深较深的砂层决定。

(4)提出了混合均匀度评价TRD工法的混合均匀性，混合均匀性决定了墙体的抗渗能力和强度。通过COMSOL Multiphysics软件，建立了数值计算模型，研究墙体混合均匀性制约墙体的抗渗能力，墙体厚度和入土深度影响墙体的抗渗能力，墙体深度和入土深度越大，抗渗能力越强，基坑抗倾覆能力越强，基底涌水量越小。

(5)随着墙体厚度的增加，设置了均匀与非均匀TRD墙体，基地涌水量明显降低，且均匀厚度工况下，基坑涌水量呈近似线性降低趋势，而对于非均匀TRD墙体，其基坑涌水量呈加速降低趋势。结合实际工程，在工程预算允许的前提下，应尽量提高TRD墙体的厚度以保证工程的安全性。对落底式止水帷幕，随着入土深度的增加，基坑底部涌水量基本呈降低趋势，当TRD搅拌成墙质量较差，其不同位置处渗透性离散性也较大。

第 4 章　TRD 墙桩一体支护机理研究

等厚水泥土连续墙因其良好抗渗性能,被广泛用作各类地下工程的止水帷幕。然而因水泥土刚度低,在深大基坑的应用中,需在开挖侧施工搅拌桩,以提供足够的支护强度,与等厚水泥土连续墙分别形成止水和支护结构。这不仅增加了工期,而且其经济性较低,尤其对深大基坑,如何有效提高水泥土连续墙的刚度成为制约其应用的关键问题。型钢因其较高的刚度,在等厚水泥土连续墙中,插入未凝固水泥土中,实现了墙桩一体的支护形式,如图 4-1 所示。

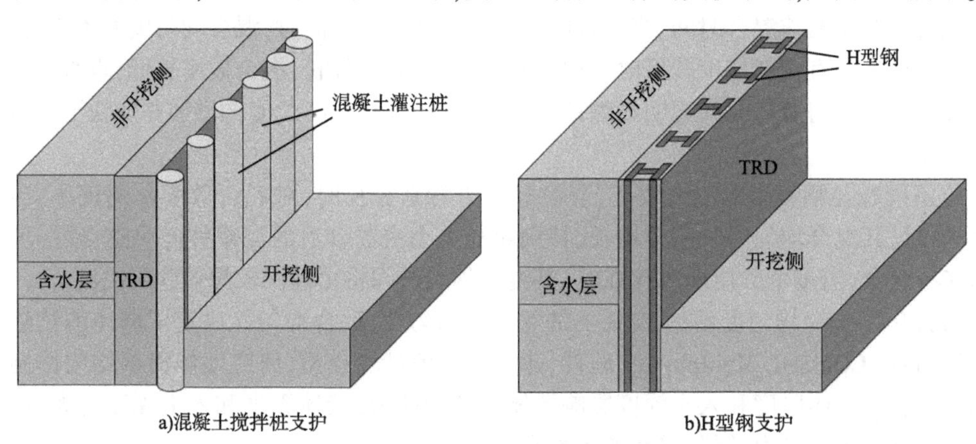

图 4-1　TRD 工法构建墙桩一体支护形式

型钢水泥土连续墙作为一种新型基坑支护形式,其水平位移变形规律是决定了基坑的变形规律,基坑的水平位移是基坑施工质量的关键的指标,也是设计基坑内部支撑结构的关键数据,同时,也决定了未开挖区域地面沉降量。型钢水泥土连续墙的水平位移变化规律由其所受应力决定,因此,应对该类联合支护形式的应力状态开展相关研究。

TRD 墙的等厚特点,决定其内插型钢的间距可以为任意距离,不受类似 SMW 工法中桩间距的控制。研究通过分析型钢与水泥土相互作用机制,获得基坑水平的位移计算公式。同时,基于型钢和水泥土的协调变形,以及基坑变形控制标准,给出合理型钢间距,改进以往以几类固定间距形式的设计,为等厚型钢水泥土连续墙的设计提供一定的理论基础。

4.1　型钢水泥土受力计算方法

前人关于基坑侧壁的受力分析应用了数值模拟法、模型试验法、能量法、MVSS 综合刚度法等方法,开展了大量的研究,并结合理论分析和工程实践证明了上述方法所得结果,具有较高的应用价值,解决了基坑水平位移计算、支护方法、内力计算等实际问题。

4.1.1　数值模拟法

数值模拟法是随着计算机技术和计算软件的发展而来的，可以模拟复杂条件下的工程问题，其结果多以图形显示，具有简洁、直观等特点，目前用于基坑支护的数值模拟软件有：ANASYS、PLAXIS 等，依据研究内容和需解决的问题选择不同软件。

（1）ANASYS

如图 4-2 所示，谭轲等人通过数值模拟，研究了 TRD 工法构建的内插 H 型钢的等厚水泥土连续墙，采用三维“m”法，对水泥土和型钢的相互作用和承载变形性状进行了研究。通过分析，认为水泥土起到提供侧向约束的作用，防止型钢受弯失稳。在计算组合墙体抗弯强度时，弯矩仅由型钢进行承担。如图 4-3 所示，等厚度型钢水泥土搅拌墙结构中，最弱剪应力为钢和水泥土交界面，最弱面平均剪应力不应小于水泥土抗剪强度标准值。

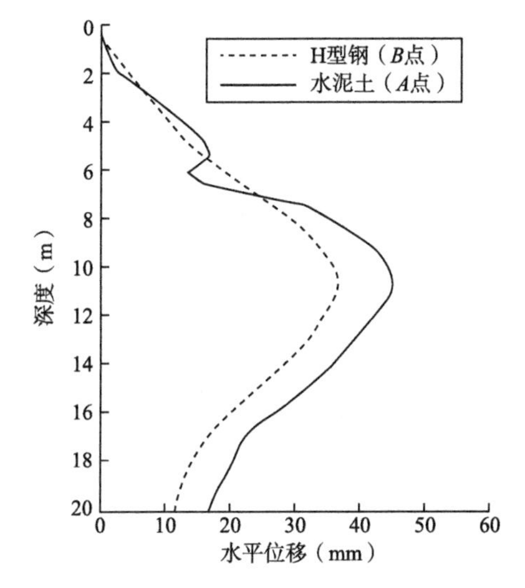

图 4-2　水泥土和型钢水平位移曲线对比

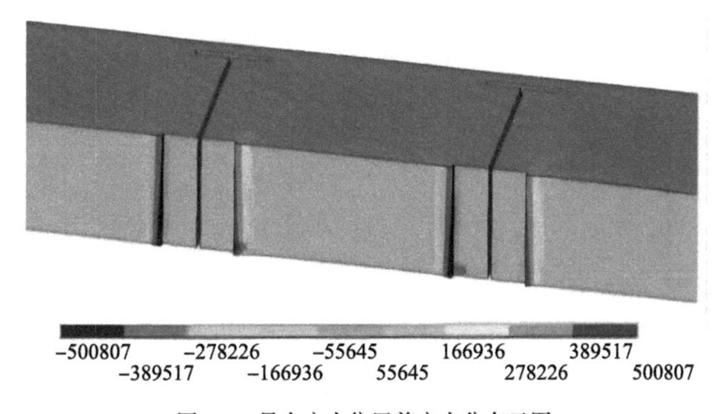

图 4-3　最大应力位置剪应力分布云图

（2）PLAXIS

Pitthaya 等人使用 PLAXIS 3D 数值模拟软件，研究了曼谷地区深层水泥土搅拌桩（Deep Cement Mixxing，简称 DCM）工法墙体的弯矩、水平位移等，DCM 是等厚混凝土墙，研究时假设墙体内部为均匀结构,如图4-4所示。

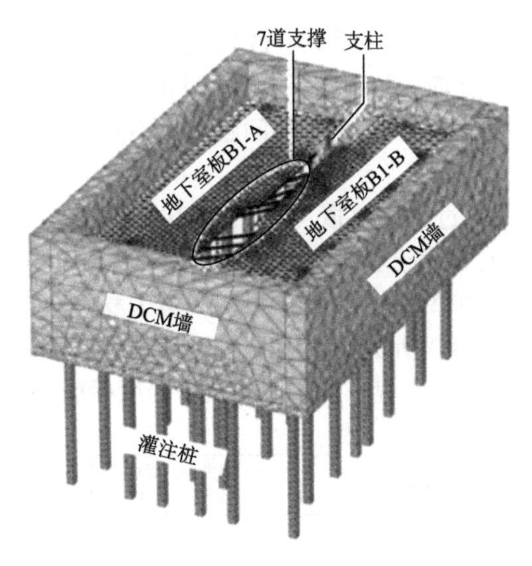

图4-4 墙体的3D有限元网格

该研究基于DCM施工技术在曼谷软黏土深基坑工程中的应用效果。如图4-5所示,墙体系统由四排直径为0.7m的DCM柱组成,支撑系统由两个0.25m厚的地下室板和七个临时支板组成。利用以往案例研究的测量结果,对该墙体系统与其他墙体系统的有效性进行了评估。采用数值分析方法,与实测数据对比了DCM墙水平位移,结果与实测结果较为吻合,该数值模拟可靠,指导了当地的工程应用。

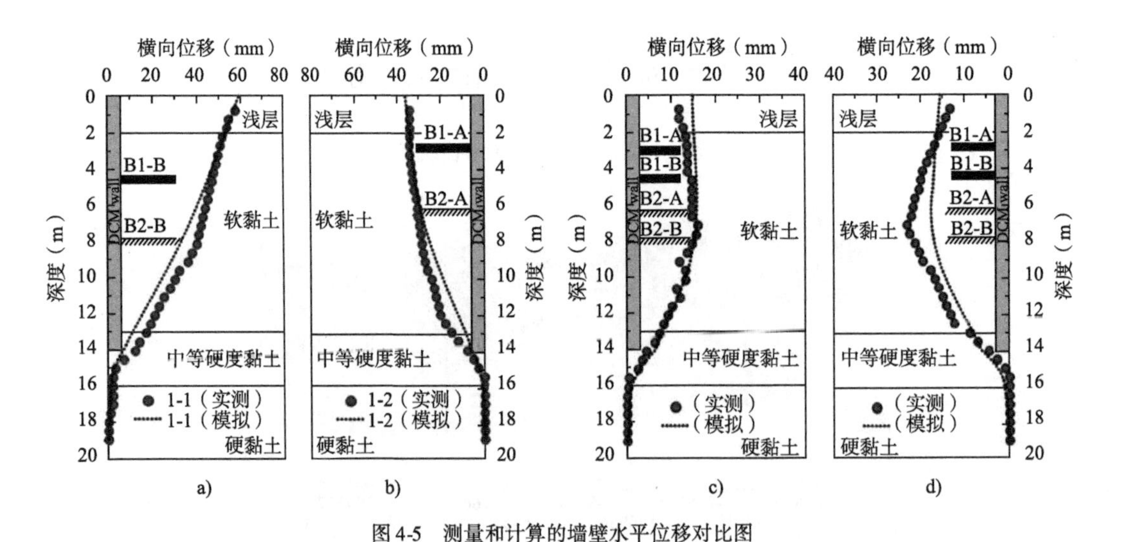

图4-5 测量和计算的墙壁水平位移对比图

4.1.2 试验法

如图4-6所示,郑刚等人通过试验,研究了不同参数条件下,内插型钢的水泥土变形特征,认为型钢主要承担拉应力。打设了6根不同截面高度的模型梁,采用钢板模拟型钢作为加筋,以不同加载方式的水泥土复合梁抗弯试验,分析了试验条件下钢板-水泥土复合梁的破坏机理和抗弯组合强度和抗弯承载力。

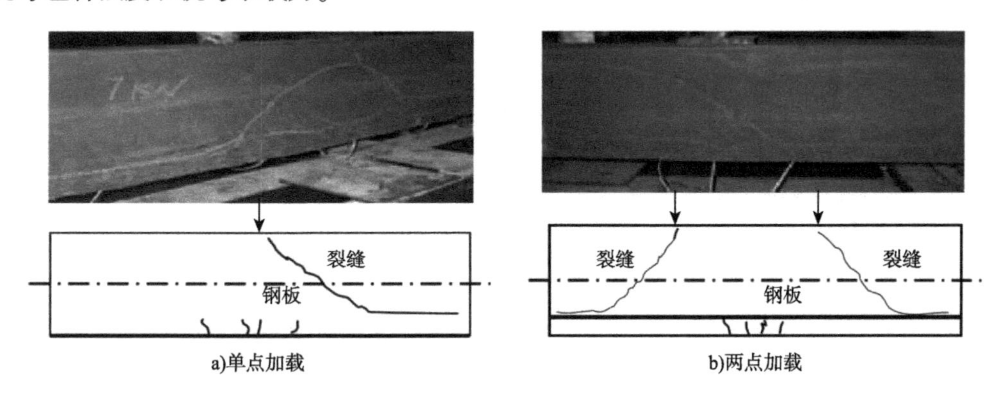

a)单点加载　b)两点加载

图4-6　加载形式的破坏

将复合梁的刚度变化划分为两个阶段,提出了分阶段的特征组合刚度计算方法。

$$B_i = k(E_S I_S + \alpha E_C I_C) \tag{4-1}$$

式中:B_i——组合刚度(N/m);

k——考虑黏结应力对组合刚度提高作用的系数;

E_S——钢板的弹性模量(MPa);

I_S——钢板的截面惯性矩(m^4);

E_C——水泥土的弹性模量(MPa);

I_C——水泥土截面惯性矩(m^4);

α——水泥土的刚度贡献系数($\alpha \leqslant 1.0$)。

4.1.3　能量法

谷淡平等人研究了SMW工法中型钢和水泥土的形变特征,认为受挡墙水泥土横向联系作用的影响,空间变形特性显著,由于难以量化挡墙的空间变形作用和水泥土承载能力,目前SMW工法的设计并未考虑挡墙空间变形作用和水泥土对挡墙的承载贡献。通过对悬臂式SMW工法挡墙的变形及受力进行分析,将求解得到挡墙空间变形的各项应变能,基于能量守恒原理,根据应变能与抗力的关系,建立了水泥土型钢承载比的计算函数。

$$K_1 = \frac{3E''_w \eta^4 + 4G_t \eta^2}{E'_s + E'_w + 3E''_w \eta^4 + 4G_t \eta^2} \tag{4-2}$$

$$K_2 = 1 - \frac{3E''_w \eta^4 + 4G_t \eta^2}{E'_s + E'_w + 3E''_w \eta^4 + 4G_t \eta^2} \tag{4-3}$$

式中:K_1——空间变形效应比;

K_2——水泥土承载比;

η——挡墙高长比;

E'_w——等效水泥土弹性模量(MPa);

E''_w——折减后的水泥土横向弹性模量(MPa);

E'_s——等效型钢弹性模量(MPa);

G_t——挡墙横向抗扭剪切弹性模量(MPa)。

同时,基于小势能原理推求了考虑挡墙空间变形作用的墙顶位移解析解。

$$\delta_{max} = \frac{A}{\frac{\pi^4 E'_s L b^3}{192H^3} + \frac{\pi^4 E'_w L b^3}{192H^3} + \frac{\pi^4 E''_w b^3 H}{64L^3} + \frac{\pi^4 G_t b^3}{48HL} + 2B} \tag{4-4}$$

式中:δ_{max}——基坑挡墙中部墙顶水平大位移;

L——基坑计算边长;

H——挡墙墙高;

b——挡墙的厚度;

A、B——计算参数。

并基于上述理论研究,开展了相关的模型试验验证,如图4-7所示。

a)试验基槽

b)基坑开挖及变形俯视图

图4-7 SMW工法模型试验过程

结合模型试验对影响SMW工法空间变形效应比和承载比的因素进行了深入讨论,将位移解析解与弹性支点法计算的位移值、实测位移值进行对比分析。结果表明:考虑空间变形作用的解析解相比弹性支点法计算结果更加接近实测值;SMW工法的挡墙高长比、水泥土的弹性模量以及墙厚对空间变形效应比和水泥土承载比有显著的影响。

4.1.4 MVSS综合刚度法

张戈等人从围护结构综合刚度的角度研究了杭州地铁1号线软土地区地铁深基坑的围护结构设计方法。鉴于Clough综合刚度模型存在诸多缺陷,提出了新的MVSS综合刚度模型,其包含了围护墙(桩)刚度、基坑深度、支撑刚度、支撑水平及竖向间距、地基加固等多个变量,反映了基坑围护结构的整体属性。

$$x_{MVSS} = k_t k_j \frac{mk_1 + nk_2}{(m+n)k_1} \frac{EI}{\gamma_w h^2 Hs} \tag{4-5}$$

式中: k_t——基于时空效应、插入比等影响因子的综合调整系数;

k_j——地基加固影响因子;

m——钢支撑道数;

n——混凝土支撑道数;

k_1——钢支撑刚度(N/m);

k_2——混凝土支撑刚度(N/m);

$\frac{mk_1+nk_2}{(m+n)k_1}$——支撑刚度的影响因子;

EI——围护墙(桩)刚度(N/m);

γ_w——水的重度(kN/m^3);

h——支撑竖向平均间距(m);

H——基坑开挖深度(m);

s——支撑平均水平间距。

从有限元计算及杭州地铁基坑实测变形等角度验证了 MVSS 综合刚度合理性,并建立了地铁深基坑围护结构侧向变形与基坑围护综合刚度之间的函数算式。该算式为基坑围护结构的变形预测提供了新的思路与方法。

$$\gamma=\alpha_2\left[k_tk_j\frac{mk_1+nk_2}{(m+n)k_1}\frac{EI}{\gamma_wh^2Hs}\right]^{-\beta_2} \tag{4-6}$$

式中的 α_2、β_2 为计算参数。

杭州地铁 1 号线③类地层 MVSS 刚度与 σ_{max}/H 统计图如图 4-8 所示。

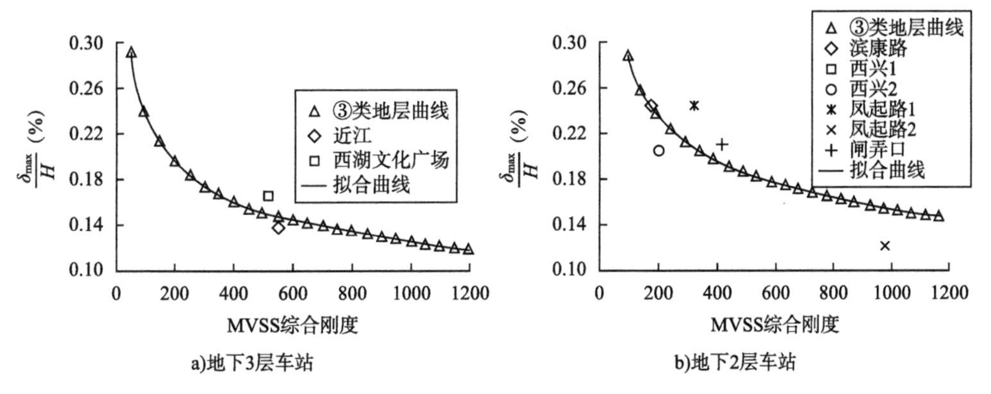

图 4-8　杭州地铁 1 号线③类地层 MVSS 刚度与 δ_{max}/H 统计图

基坑围护结构最大侧向变形与基坑 MVSS 综合刚度呈递减函数关系,但当其 MVSS 综合刚度增大至一定程度后,其继续增大对基坑围护结构变形的进一步控制效果甚微。

4.2　墙桩一体数学模型

4.2.1　模型建立

在内插型钢的等厚水泥土连续墙中,如图 4-9 所示,可将插入型钢的水泥土与未插入的区域划分为不同单元体,H 型钢和水泥土的刚度相差较大,为保证墙体的良好抗渗性能,该类支护形式的合理工作区间为型钢和水泥土协调变形区间。当二者出现一定的位移差时,型钢和水泥土之间将产生裂隙,其止水性能大大降低。

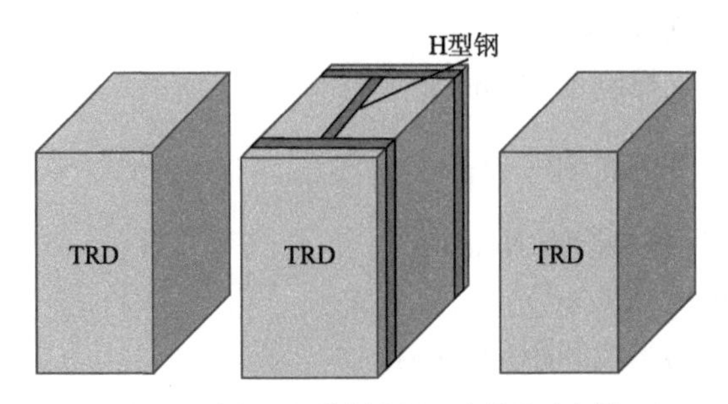

图 4-9 内插型钢等厚水泥土连续墙示意图

郑刚等人开展了型钢水泥土组合梁的试验,认为无论是不同截面大小的组合梁,还是是否涂刷减摩剂的组合梁,其组合刚度随荷载变化曲线的形状基本一致,即大体上可分为 3 个阶段,具体各个阶段组合刚度变化分析如下:裂缝开展阶段、型钢单独作用阶段和型钢屈服阶段。以上后三个阶段均已进入非协调变形区域,不在研究范围之内,研究是针对 H 型钢和水泥土协调变形范围内开展的。

数值模拟结果,型钢将承担 99% 的弯矩,且型钢和水泥土刚度相差较大,计算中不考虑水泥土刚度的贡献,应力分析中,作用于水泥土和型钢上的水土压力全部由型钢承担。在型钢与水泥土的联合支护形式中,作用在水泥土上的水土压力,通过型钢翼缘 AA' 和 BB' 断面传递型钢包覆的水泥土,该区域内的水泥土通过翼缘的支撑作用、腹板的黏接作用传递至型钢,所传递的最大应力为该处的水泥土屈服强度,如图 4-10 所示。

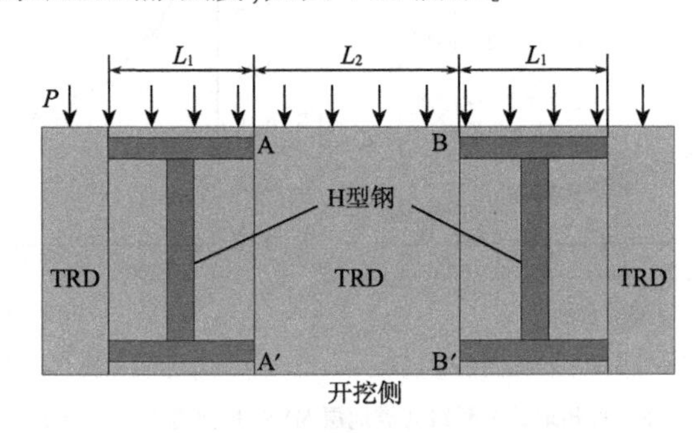

图 4-10 内插型钢等厚水泥土连续墙受力图

为了简化计算和满足分析条件,做出以下基本假设:

(1)型钢和水泥土变形为小变形,且不考虑其扭转变形。

(2)研究考察的水泥土和型钢的联合工作区间,因此,型钢和水泥土为弹性变形。

(3)在计算水平位移时,荷载全部由型钢承担,作用于水泥土的主被动水土压力,通过水泥土传递给型钢,不考虑水泥土的刚度。

(4)TRD 墙体插入基岩内,且基岩为刚性体,不考虑其变形。

(5)土体为均质体,不考虑土层的分层作用。

基于基坑开挖深度、地质条件和周围环境要求,对基坑开挖引起的地表的沉降、侧壁水平位移有严格的控制要求。开挖深度较浅,周围环境影响要求较低的工程,往往不施工冠梁,以最大限度地降低施工成本和工期。当施工区域周围环境复杂,挖掘深度较大时,需要施工冠梁约束墙顶,防止产生较大位移,影响施工质量和降低对周围环境影响。根据墙顶是否有冠梁作为约束条件,分为墙顶自由和非自由两类,下面分别对这两类情况进行研究。

4.2.2　变形控制标准

上海市《基坑工程技术规范》(DG/TJ 08-61—2018)根据大量已成功实施的工程实践统计资料,确定基坑的变形控制指标。并根据基坑周围环境的重要性程度及其与基坑的距离,提出了基坑变形设计控制指标,见表4-1。

基坑变形设计控制标准　　表4-1

基坑环境保护等级	围护结构最大侧移	坑外地表最大沉降
一级	0.18%H	0.15%H
二级	0.3%H	0.25%H
三级	0.7%H	0.55%H

注:H为基坑开挖深度。

4.3　关键参数计算

如图4-11所示,墙顶自由,墙底插入基岩中,TRD墙体非开挖侧为主动土压力,开挖侧为被动土压力,由受力分析可知,墙体两侧的主、被动土压力通过型钢翼缘侧的水泥传递至型钢,即型钢承担全部土压力,不考虑水泥土的承载能力。因此,将插入基岩内的H型钢简化为等值梁,基于小变形弹性假设,两类外力作用结果可以叠加,获得不同开挖深度条件下,力矩、转角和水平位移随深度变化曲线。

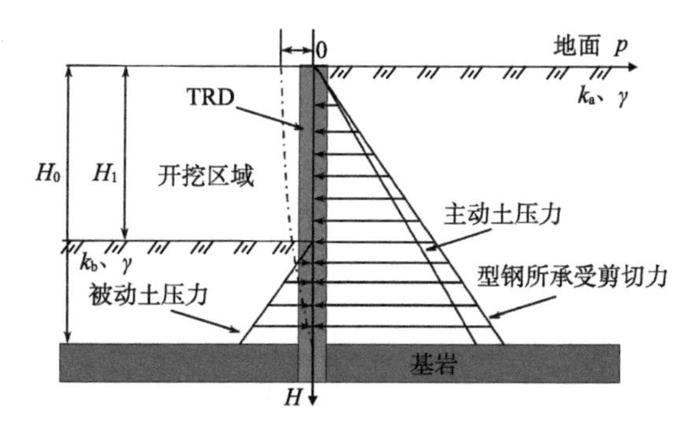

图4-11　墙顶自由条件下的土压力分析图

4.3.1　无冠梁基坑

(1)应力

主动土压力为线性荷载作用于TRD墙体,作用在水泥土的主动土压力,通过翼缘处水泥土传递至型钢,所传递的最大应力为对应位置的水泥土的最大屈服强度,因此,型钢外力荷载计算方程为:

$$p_1(H) = -k_a\gamma(L_1 + L_2)H \tag{4-7}$$

式中:p——外力(m/s);

H——深度(m);

k_a——主动土压力系数;

γ——土体重度(kN/m^3);

L_1——型钢翼缘宽度(m);

L_2——型钢翼缘间距(m)。

与主动土压力计算类似,基坑内侧作用于型钢的被动土压力荷载方程为:

$$p_2(H)=k_b\gamma(L_1+L_2)(H-H_1)\quad(H_1\leqslant H)\tag{4-8}$$

式中:k_b——被动土压力系数;

H_1——开挖深度(m)。

作用于等值梁上的外力 F 为:

$$\frac{dF(H)}{dH}=p(H)\tag{4-9}$$

$$F_1(H)=-\frac{k_a\gamma(L_1+L_2)}{2}H^2+C_1\tag{4-10}$$

$$F_2(H)=k_b\gamma(L_1+L_2)\left(\frac{1}{2}H^2-H_1H\right)+C_2\quad(H_1\leqslant H)\tag{4-11}$$

因地表处,型钢无约束条件,因此,$F_1(0)=0$。

基坑开挖至坑底后,内侧土体全部被挖除,被动土压力消失,因此,$F_2(H_1)=0$。

得:

$$C_1=0,C_2=\frac{k_b\gamma}{2}(L_1+L_2)H_1^2$$

分别代入式(4-10)和式(4-11),得:

$$F_1(H)=-\frac{k_a\gamma(L_1+L_2)}{2}H^2\tag{4-12}$$

$$F_2(H)=\frac{k_b\gamma(L_1+L_2)}{2}(H-H_1)^2\quad(H_1\leqslant H)\tag{4-13}$$

(2)弯矩

弯矩是受力构件截面上的内力矩的一种,即垂直于横截面的内力系的合力偶矩。其大小为该截面截取的构件部分上所有外力对该截面形心矩的代数和,其正负约定为是构件下凹为正,上凸为负(正负区分标准是构件上部受压为正,下部受压为负;反之构件上部受拉为负,下部受拉为正)。弯矩也是与数值模拟计算结果对比的重要参数之一。

上述应力作用在型钢的弯矩 M 为:

$$\frac{dM(H)}{dH}=F(H)\tag{4-14}$$

$$M_1(H)=-\frac{k_a\gamma(L_1+L_2)}{6}H^3+C_3\tag{4-15}$$

$$M_2(H)=\frac{k_b\gamma(L_1+L_2)}{6}(H-H_1)^3+C_4\quad(H_1\leqslant H)\tag{4-16}$$

在地表处,型钢无约束条件,因此,$M_1(0)=0$。

基坑开挖至坑底后，内侧土体全部被挖除，被动土压力消失，因此 $M_2(H_1)=0$。

则 $C_3=0$，$C_4=0$，分别代入式(4-15)和式(4-16)，得：

$$M_1(H)=-\frac{k_a\gamma(L_1+L_2)}{6}H^3 \tag{4-17}$$

$$M_2(H)=\frac{k_b\gamma(L_1+L_2)}{6}(H-H_1)^3 \quad (H_1\leqslant H) \tag{4-18}$$

(3)转角

型钢转角显示了弯曲程度，而水泥土的弯曲性能差，当型钢转角过大时，易引起型钢和水泥土的非协调变形，TRD 墙体产生裂纹，引发渗漏水，造成墙体止水性能失效。

型钢转角 θ 为：

$$\frac{\mathrm{d}\theta(H)}{\mathrm{d}H}=\frac{M(H)}{EI} \tag{4-19}$$

$$\theta_1(H)=-\frac{k_a\gamma(L_1+L_2)}{24EI}H^4+C_5 \tag{4-20}$$

$$\theta_2(H)=\frac{k_b\gamma(L_1+L_2)}{24EI}(H-H_1)^4+C_6 \quad (H_1\leqslant H) \tag{4-21}$$

在 TRD 底部，插入基岩内，根据假设，基岩不产生变形，因此，$\theta_1(H_0)=0$，$\theta_2(H_0)=0$，得：

$$C_5=\frac{k_a\gamma(L_1+L_2)}{24EI}H_0^4,\ C_6=-\frac{k_b\gamma(L_1+L_2)}{24EI}(H_0-H_1)^4$$

分别代入式(4-20)和式(4-21)，得：

$$\theta_1(H)=-\frac{k_a\gamma(L_1+L_2)}{24EI}(H_0^4-H^4) \tag{4-22}$$

$$\theta_2(H)=\frac{k_b\gamma(L_1+L_2)}{24EI}[(H-H_1)^4-(H_0-H_1)^4] \quad (H_1\leqslant H) \tag{4-23}$$

(4)水平位移

墙顶水平位移是基坑侧壁变形的最易获得参数，也是基坑变形预警的重要指标，根据型钢和水泥土的变形协调性，型钢的水平位移就是 TRD 墙体的水平位移。同时，该水平位移是计算基坑周围沉降的重要参数。

型钢水平位移 ω：

$$\frac{\mathrm{d}\omega(H)}{\mathrm{d}H}=\theta(H) \tag{4-24}$$

$$\omega_1(H)=\frac{k_a\gamma(L_1+L_2)}{24EI}\left(H_0^4H-\frac{H^5}{5}\right)+C_7 \tag{4-25}$$

$$\omega_2(H)=\frac{k_b\gamma(L_1+L_2)}{24EI}\left[\frac{(H-H_1)^5}{5}-(H_0-H_1)^4H\right]+C_8 \quad (H_1\leqslant H) \tag{4-26}$$

在 TRD 底部，插入基岩内，根据假设，基岩不产生变形，因此，$\omega_1(H_0)=0$，$\omega_2(H_0)=0$，得：

$$C_7=-\frac{k_a\gamma(L_1+L_2)}{24EI}\cdot\frac{4H_0^5}{5},\ C_8=\frac{k_b\gamma(L_1+L_2)}{120EI}(H_0-H_1)^4(H_1+4H_0)$$

分别代入式(4-25)和式(4-26)，得：

$$\omega_1(H)=\frac{k_a\gamma(L_1+L_2)}{120EI}(5H_0^4H-H^5-4H_0^5) \tag{4-27}$$

$$\omega_2(H)=\frac{k_b\gamma(L_1+L_2)}{120EI}[(H-H_1)^5+(H_0-H_1)^4(H_1+4H_0-5H)] \quad (H_1\leqslant H) \tag{4-28}$$

上述公式所适用范围为 $H_1\sim H_0$ 深度，即存在被动土压力的区域，然而对于 $0\sim H_1$ 区域内，需另行计算。

如图4-12所示，$0\sim H_1$ 区域，任意深度位置由被动土压力引起的水平位移由两部分构成，即 $\omega_2(H_1)$ 和因转角 $\theta_2(H_1)$ 所引发的水平位移构成，因型钢为小变形的连续杆状材料，根据三角函数关系计算因转角 $\theta_2(H_1)$ 所引发的水平位移。

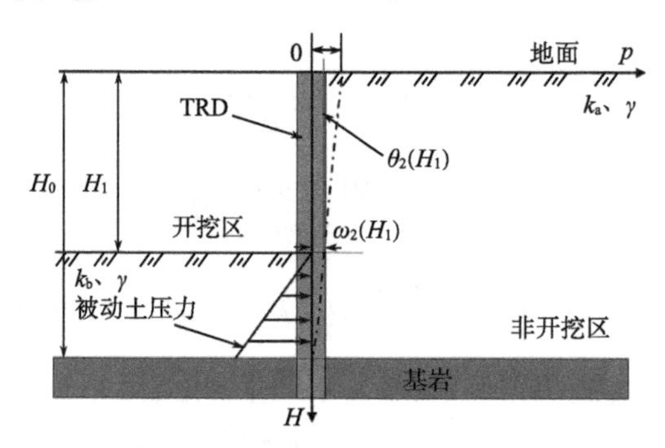

图4-12 被动土压力引发型钢水平位移

无被动土压力区域，其位移计算：

$$\omega_2(H)=(H_1-H)\tan\theta_2(H_1)+\omega_2(H_1) \quad (0\leqslant H\leqslant H_1) \tag{4-29}$$

型钢为微小变形，因此，$\tan\theta_2(H_1)=\theta_2(H_1)$，由式(4-23)和式(4-28)得：

$$\theta_2(H_1)=-\frac{k_b\gamma(L_1+L_2)}{24EI}(H_0-H_1)^4 \tag{4-30}$$

$$\omega_2(H_1)=\frac{k_b\gamma(L_1+L_2)}{30EI}(H_0-H_1)^5 \tag{4-31}$$

将式(4-30)和式(4-31)代入公式(4-29)，得：

$$\omega_2(H)=\frac{k_b\gamma(L_1+L_2)}{120EI}(H_0-H_1)^4(4H_0-9H_1+5H) \quad (0\leqslant H\leqslant H_1) \tag{4-32}$$

当小变形，弹性变化区域内：

$$\omega=\omega_1+\omega_2 \tag{4-33}$$

将式(4-27)、式(4-28)和式(4-32)，代入式(4-33)，获得不同深度的型钢水平位移的计算公式为：

$$\omega(H)=\begin{cases}A(H^5-5H_0^4H+4H_0^5)+\\B_1(H_0-H_1)^4(4H_0-9H_1+5H)\\A(H^5-5H_0^4H+4H_0^5)+\\B_1[(H-H_1)^5+(H_0-H_1)^4(H_1+4H_0-5H)]\end{cases} \quad (0\leqslant H\leqslant H_1) \tag{4-34}$$

式中，$A=-\dfrac{k_a\gamma(L_1+L_2)}{120E_SI_S}$，$B_1=\dfrac{k_b\gamma(L_1+L_2)}{120E_SI_S}$。

4.3.2 有冠梁基坑

通过上述计算,可知基坑最大变形在型钢顶端,针对变形敏感基坑,可通过增加顶端内部支撑,控制顶部位移。同时,被动土压力仅在开挖初期,对变形有影响,开挖至一定深度时,其影响已基本消失,土压力分布曲线如图4-13所示。因此,下面不考虑被动土压力对型钢水平位移的影响。

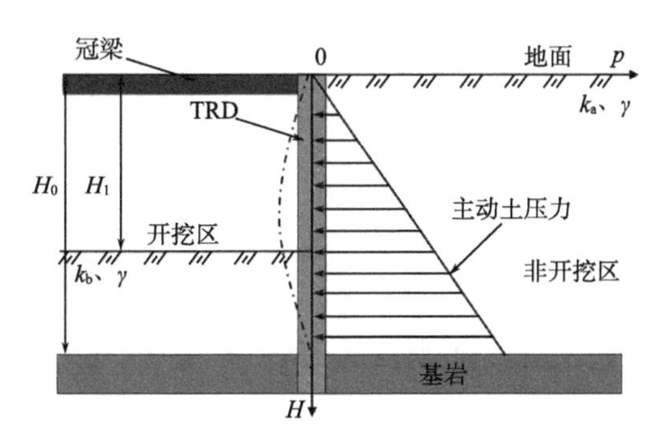

图4-13 有冠梁条件下的土压力分析图

(1)应力

当墙顶存在冠梁时,在小变形条件下,可将冠梁假设为弹性体,根据胡克定律,其顶部冠梁提供的支撑力为:

$$F_0 = \frac{E_C A_C}{L}\Delta L \tag{4-35}$$

式中:F_0——内部支撑抗力(N);

E_C——内部支撑弹性模型(MPa);

A_C——内部支撑横截面积(m^2);

L——内部支撑长度(m);

ΔL——内部支撑的压缩量(cm)。

H型钢为连续弹性体,其顶部的水平位移即为冠梁的压缩量,顶部水平位移为不考虑被动土压力影响的主动土压力产生,即,$\Delta L = \omega_1(0)$。

由式(4-10)可知,在地表处,作用于型钢的土压力,全部由冠梁承担,因此:

$$F_1(0) = F_0 = \frac{E_C A_C}{L_C}\omega_1(0) \tag{4-36}$$

计算得:$C_9 = \frac{E_C A_C}{L_C}\omega_1(0)$

$$F_3(H) = -\frac{k_a\gamma(L_1 + L_2)}{2}H^2 + \frac{E_C A_C}{L_C}\omega_1(0) \tag{4-37}$$

为与主动土压力区别,改用$F_3(H)$表示有冠梁条件下的应力。

(2)弯矩

由式(5-14),土压力作用下的型钢的弯矩为:

$$M_3(H) = -\frac{k_a\gamma(L_1+L_2)}{6}H^3 + \frac{E_C A_C}{L_C}\omega_1(0)H + C_{10} \tag{4-38}$$

TRD 施工时,为便于型钢回收,使用土工布包裹 H 型钢,防止与冠梁的混凝土黏接,增加型钢回收阻力,因此,可将冠梁与 H 型钢的接触位置假设为滑动铰支撑,在地表处:$M_3(0)=0$,则 $C_{10}=0$。

$$M_3(H) = -\frac{k_a\gamma(L_1+L_2)}{6}H^3 + \frac{E_C A_C}{L_C}\omega_1(0)H \tag{4-39}$$

(3)转角

由式(4-19),土压力作用下的型钢转角为:

$$\theta_3(H) = -\frac{k_a\gamma(L_1+L_2)}{24E_S I_S}H^4 + \frac{E_C A_C}{2E_S I_S L_C}\omega_1(0)H^2 + C_{11} \tag{4-40}$$

TRD 底部插入基岩内,假设基岩为刚体,无变形,因此,$\theta_3(H_0)=0$,得:

$$C_{11} = \frac{k_a\gamma(L_1+L_2)}{24E_S I_S}H_0^4 - \frac{E_C A_C}{2E_S I_S L_C}\omega_1(0)H_0^2$$

$$\theta_3(H) = -\frac{k_a\gamma(L_1+L_2)}{24E_S I_S}(H^4-H_0^4) + \frac{E_C A_C}{2E_S I_S L_C}\omega_1(0)(H^2-H_0^2) \tag{4-41}$$

(4)水平位移

由式(4-24),土压力作用下的型钢位移:

$$\omega_3(H) = -\frac{k_a\gamma(L_1+L_2)}{24E_S I_S}\left(\frac{H^5}{5}-H_0^4H\right) + \frac{E_C A_C}{2E_S I_S L_C}\omega_1(0)\left(\frac{H^3}{3}-H_0^2H\right) + C_{12} \tag{4-42}$$

TRD 底部插入基岩内,假设基岩为刚体,无变形,$\omega_3(H_0)=0$,得:

$$C_{12} = -\frac{k_a\gamma(L_1+L_2)}{24E_S I_S}\ \frac{4H_0^5}{5} + \frac{E_C A_C}{2E_S I_S L}\omega_1(0)\frac{2H_0^3}{3}$$

$$\omega_3(H) = -\frac{k_a\gamma(L_1+L_2)}{120E_S I_S}(H^5-5H_0^4H+4H_0^5) + \frac{E_C A_C}{6E_S I_S L_C}\omega_1(0)(H^3-3H_0^2H+2H_0^3) \tag{4-43}$$

令:

$$A = -\frac{k_a\gamma(L_1+L_2)}{120E_S I_S}, B_2 = \frac{E_C A_C}{6E_S I_S L_C}\omega_1(0)$$

则:

$$\omega_3(H) = A(H^5-5H_0^4H-4H_0^5) + B_2(H^3-3H_0^2H+2H_0^3) \tag{4-44}$$

式(4-44)即为有冠梁条件下的型钢水平位移随基坑深度变化的计算公式。下面通过算例,获得不同基坑深度的水平位移曲线。

由式(4-44)可知,当材料参数固定后,型钢水平位移与基坑深度、开挖深度和型钢入土深度相关,当基坑深度固定,基坑开挖后,型钢的水平位移仅与型钢间距有关,因此,可依据基坑变形控制标准,反向设计型钢间距。

4.3.3 算例

型钢间距选择 $L_1 = L_2 = 0.3\text{m}$，等间距布置，基坑开挖深度 $H_0 = 10\text{m}$，土体重度为 $\gamma = 19\text{kN/m}^3$，$k_a = k_b = 0.42$。H 型内插型钢一般采用 Q235B 级钢，HEB700 规格，需参照国家标准《热轧 H 型钢和剖分 T 型钢》(GB/T 11236—2017)确定型钢参数，$E_s = 208\text{GPa}$，$I_s = 197000\text{cm}^4$。

(1)无冠梁基坑

为研究不同参数对型钢水平位移影响，对各类参数赋值，分别研究主被动土压力产生的型钢水平位移随深度变化曲线，不同开挖深度条件下型钢水平位移随深度变化曲线，以及不同型钢间距条件下型钢水平位移随深度变化曲线。

①弯矩

将上述参数代入式(4-17)和式(4-18)，计算获得弯矩随深度的变化曲线如图所示，基坑开挖深度为5m时，型钢所承受的弯矩已经接近开挖至10m处的弯矩，型钢最大弯矩为基坑踢脚处，如图4-14所示。

②转角

将上述参数，代入式(4-44)，最大转角为型钢顶部，然而根据式(4-19)，型钢最大转角变化率为基坑踢脚位置，如图4-15所示，该处水泥土单侧拉伸最大，最易产生开裂。

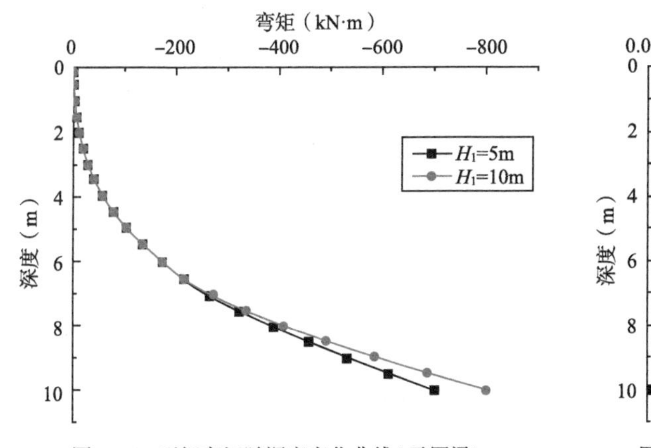

图4-14　型钢弯矩随深度变化曲线(无冠梁)

转角（rad）
0.000　-0.001　-0.002　-0.003　-0.004　-0.005
深度（m）
0　2　4　6　8　10

图4-15　型钢转角随深度的变化曲线(无冠梁)

③土压力产生型钢水平位移

将该组参数代入式(4-34)，获得不同开挖深度条件下，型钢水平位移随深度变化曲线，如图4-16和图4-17所示。

由图4-16可知，基坑开挖后，随着被动土压力的消失，型钢在主动土压力作用下，型钢位移方向是向基坑内侧，主动土压力引起型钢的水平位移大于被动土压力引发的位移，与主动土压力作用方向一致，型钢水平位移量随开挖深度的增加而增大。$\omega(10)$为基坑开挖至底部时，侧壁在深度上的全部位移曲线。基坑开挖1m，墙顶产生了2.1cm位移，是开挖至坑底10m时的一半，位移量较大，开挖深度继续增加，所产生的水平位移量逐渐减少，当基坑开挖至5m时，基坑水平位移已接近最终位移曲线，尤其型钢顶端最大位移处。因此，大量的位移是在开挖初始阶段产生。

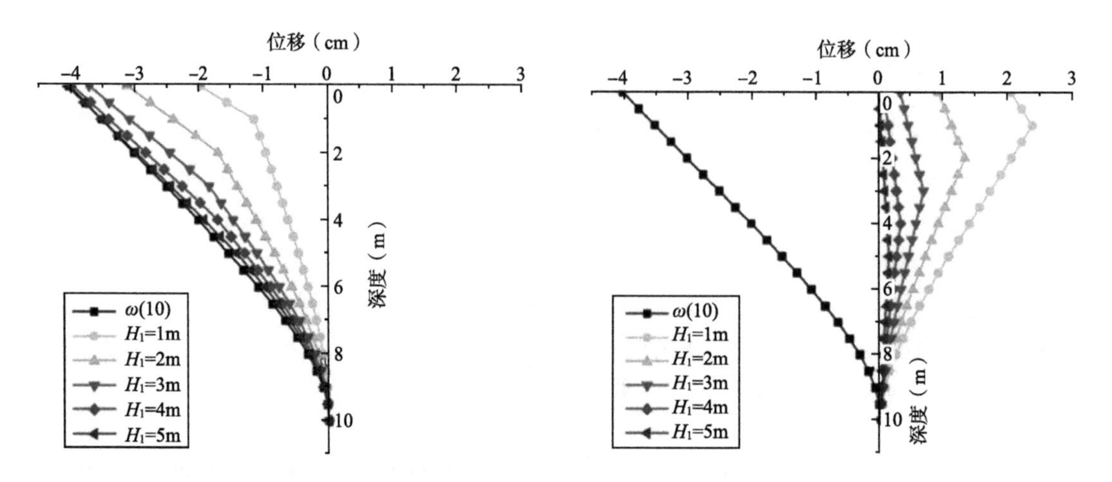

图 4-16　土压力产生型钢水平位移曲线

图 4-17　被动土压力产生型钢水平位移曲线

由图 4-17 可知,被动土压力引起的位移的方向是向基坑外侧,与被动土压力方向一致。基坑开挖后,开挖点以上区域引起的位移逐渐降低,且位移随开挖深度的增加逐渐降低,当开挖至 5m 时,由被动土压力产生的位移几乎消失。基坑开挖 1m 时,由被动土压力产生的型钢顶部水平位移为 2.1cm,抵消了开挖至坑底时所产生位移的一半,该结果与图 4-17 一致,因此,基坑开挖越浅,被动土压力的抵抗作用越显著。

④不同型钢间距的墙顶水平位移

TRD 工法因其等厚性,对内插型钢的间距可根据设计和规范要求,灵活调整,避免了 SMW 工法考虑桩间距的约束,然而,目前 TRD 工法内插型钢的间距依然借鉴 SMW 工法的设计标准,基于节约工程投资和缩短工期的目的,在满足基坑变形标准的基础上,通过计算和工程实践证明,该标准已不能较好地满足 TRD 工法。下面通过计算,获得了不同型钢间距,基坑水平位移变化曲线。

为便于基坑施工结束后型钢的回收,其最小间距为 0.2m,在其他参数不变,将各参数代入式(4-34),分别计算型钢间距 0.2m、0.3m、0.4m、0.5m 和 0.6m 在不同基坑深度和开挖深度条件下,侧壁的水平位移,获得了不同型钢间距的水平位移曲线,如图 4-18 和图 4-19 所示。

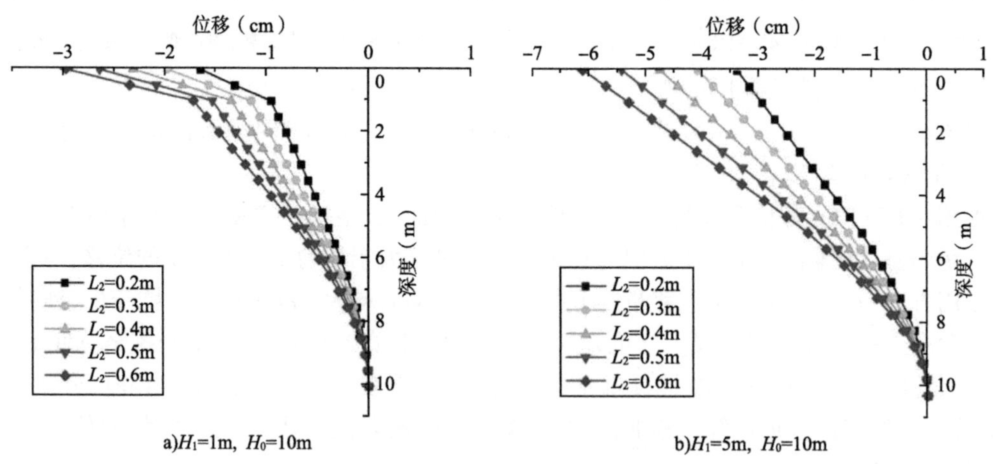

a)H_1=1m, H_0=10m

b)H_1=5m, H_0=10m

图 4-18　不同型钢间距的水平位移曲线

由图4-18可知,型钢间距越大,其水平位移越大。当开挖深度为1m时,型钢间距0.2m时,顶部水平位移为1.6cm,型钢间距0.6m时,顶部水平位移为3cm;当开挖至5m深时,型钢间距0.2m时,顶部水平位移为3.4cm,型钢间距0.6m时,顶部水平位移为6.3cm。基坑完全开挖后,型钢顶部最大水平位移为6.9cm,仍可满足环境保护等级为三级的基坑设计要求,相比间距0.2m,可减少插入三分之二的型钢,可有效的降低施工成本和缩短工期。

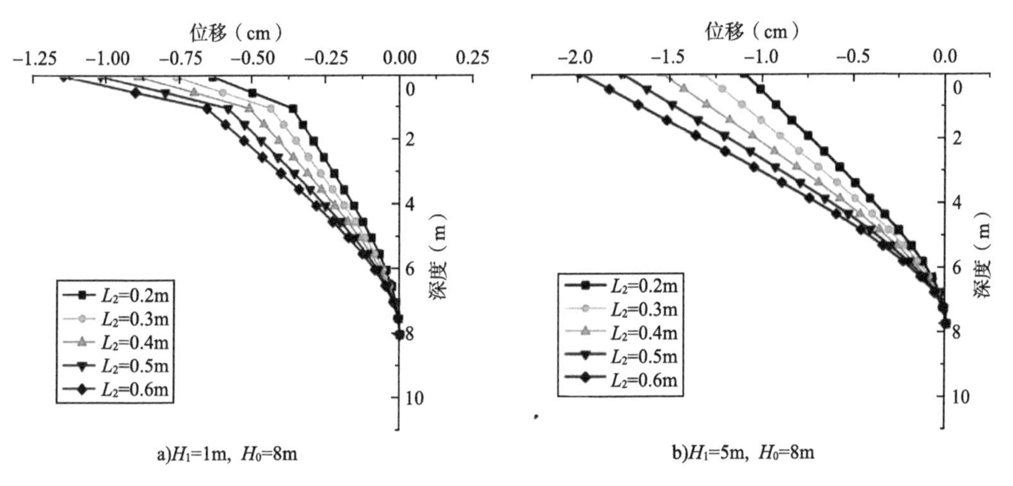

图4-19 不同型钢间距的水平位移曲线

如图4-19所示,当基坑深度缩短为8m时,其最大位移大大缩小,最大位移由6.3cm减少至2.4cm。型钢间距由0.2m增加至0.6m时,开挖至5m时,最大水平位移由1.1cm,增加至2cm,该水平位移已可满足环境保护等级为二级的基坑设计要求。

因此,基坑深度是影响型钢水平位移的重要参数之一,同时,参照基坑环境保护等级,合理确定最大水平位移设计值,在满足该设计值的条件下,增大内插型钢间距,可降低施工成本和缩短工期。

上述计算针对顶端为自由端的TRD墙体,当基坑开挖深度较大,或基坑环境保护等级较高时,顶端为自由端的TRD墙体不能满足水平位移控制标准,可通过增加顶端约束,即增加冠梁的方法,控制顶端的最大位移量,满足设计要求。

(2)有冠梁基坑

假设冠梁材料为C30混凝土,截面为方形,边长0.8m,$A_C=0.64m^2$,长度$L_C=12m$,$E_C=0.3GPa$,型钢间距$L_2=0.6m$,其余计算参数参照无冠梁部分。

①弯矩

如图4-20所示,冠梁的加入有效减小了型钢所承受的弯矩,型钢最大弯矩仍然在踢脚处。

②转角

如图4-21所示,冠梁的加入有效减小了型钢的转角,由式(4-19)可知,型钢最大仍然在踢脚处。

③水平位移

代入式(4-44)获得不同基坑深度的水平位移变化曲线。由图4-22可知,增加顶部支撑后,型钢水平位移得到有效控制,三类开挖深度基坑的型钢顶部位移分别为0.01mm,0.04mm

和0.1mm,且最大位移由无冠梁时的顶部,变为基坑的中部偏上的位置,这与谭轲等人的数值模拟结果相同。

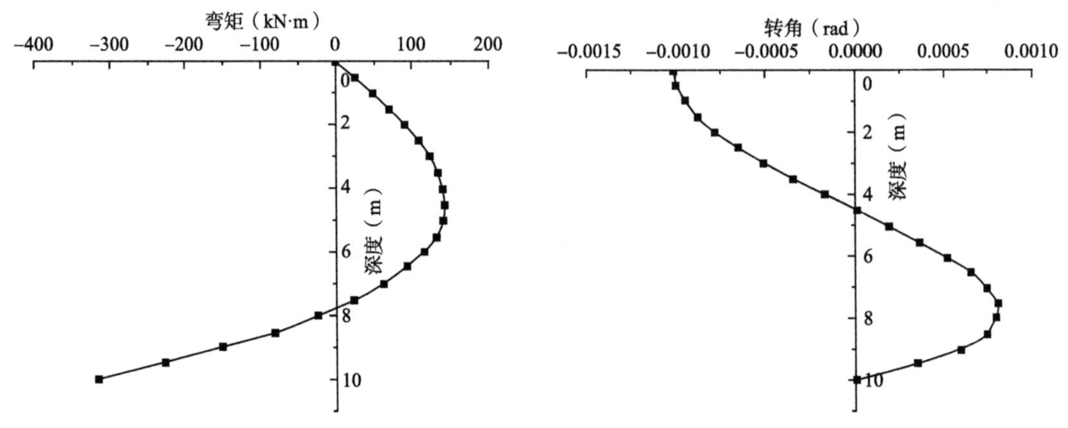

图4-20 型钢弯矩随深度变化曲线(有冠梁)

图4-21 型钢转角随深度的变化曲线(有冠梁)

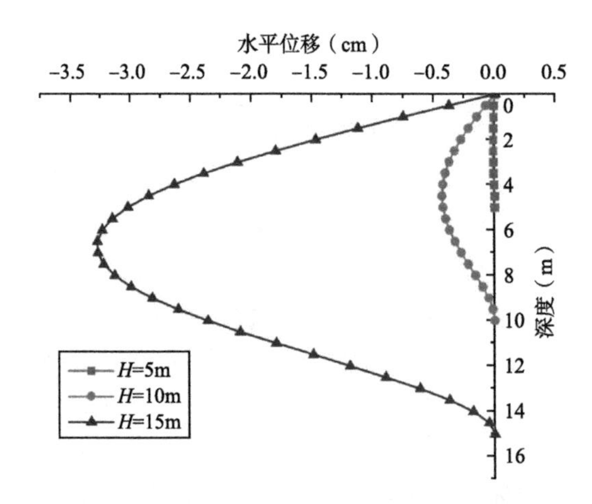

图4-22 不同基坑深度型钢水平位移曲线(有冠梁)

基坑开挖深度为5m时,型钢已基本无位移;如图4-22所示,基坑开挖深度为10m时,型钢间距0.8m时,型钢最大位移0.53cm,满足环境保护等级为一级的基坑设计要求,较型钢间距0.2m时,可少插入75%的H型钢,可大大降低施工成本和节约工期。

④不同型钢间距水平位移

如图4-23所示,开挖深度增加至15m时,型钢间距0.8m时,最大水平位移增加至4.01cm,该数值满足环境保护等级为二级的基坑设计要求,型钢间距0.4m时,最大水平位移增加至2.55cm,该数值满足环境保护等级为一级的基坑设计要求。因此,可通过调整型钢间距满足不同基坑设计要求。

当通过调整型钢间距后,其最大水平位移不能满足高标准基坑设计要求时,可通过增加内部横支撑,以减小最大位移,且可参照上述公式,推导增加一道支撑后,其位移计算公式,内部横支撑设置位置在基坑开挖深度一半稍靠上的位置。

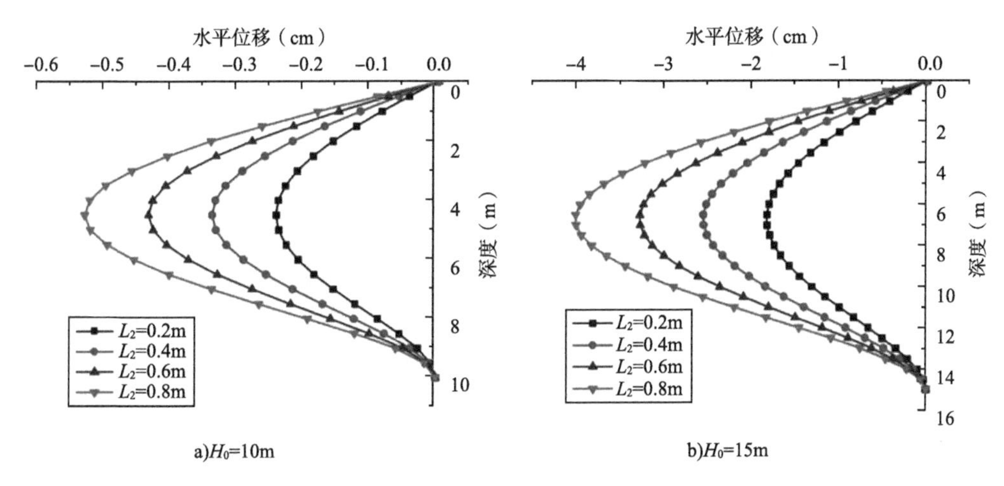

图4-23　不同型钢间距水平位移随深度变化曲线

通过对比不难发现，型钢水平位移对基坑深度的敏感性大于对型钢间距的敏感性，应首先根据基坑深度选择不同的型钢参数，在满足设计要求条件下，合理调整型钢间距，降低成本，节约工期。

综上所述，通过上述分析和计算，获得了型钢顶端为自由端和有冠梁约束条件下，型钢的应力、力矩、转角和水平位移计算公式，并对各计算参数合理赋值，研究主、被动土压力，以及不同开挖深度、型钢间距和基坑深度对型钢水平位移的影响。被动土压力随开挖深度的增加，对型钢水平位移影响逐渐减弱，当基坑开挖至一半深度时，被动土压力的影响极小，此时的型钢水平位移曲线已接近完全开挖至肯定的曲线。型钢水平位移随型钢间距的增大而增大，在满足基坑设计要求条件下，可适当增加型钢间距。基坑深度对型钢水平位移的影响大于型钢间距对其影响。

4.4　墙桩一体协调变形机制

型钢和水泥土组成的支护体系中，型钢和水泥土相互黏结，为保证良好的止水效果，需保证型钢和水泥土之间无相对位移，即两种材料变形协调。墙桩一体支护结构的破坏阶段分为：共同支护阶段、裂缝开展阶段、型钢单独作用阶段和型钢屈服阶段。共同支护阶段是水泥土和型钢协调变形，具有良好的止水性能，是该支护体系的工作区间；型钢作为弹性材料，可承受较大形变，裂缝开展阶段是水泥土不能承受较大形变，当变形较大时，水泥土发生破裂，降低止水性能，甚至止水性能失效；水泥土完全破坏后，进入型钢单独作用阶段，进一步发展进入型钢的屈服阶段，影响墙桩一体支护体系安全和稳定性。

4.4.1　水泥土变形

基坑开挖后，TRD发生形变，水泥土在型钢作用下也发生形变，如图4-24所示，形变的水泥土一侧为压缩区域，一侧为拉伸区域，水泥土的拉伸强度小于压缩强度，因此，首先发生水泥土的拉伸破坏，所选破坏单元体为矩形，随着拉伸破坏的产生，该单元体的中心轴逐渐向压缩区域变化，当压缩区域所受压力大于水泥土压缩强度时，发生压缩破坏，水泥土产生贯穿式破坏，该处荷载将由型钢完全承担。

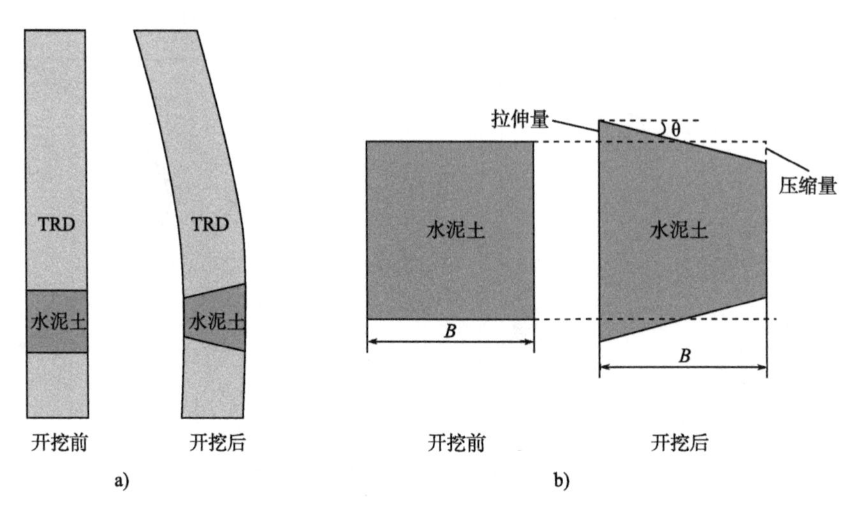

图 4-24　协调变形作用下的水泥土形变

假设水泥土为弹性体,因此,由胡克定律可知,水泥土所能承受的最大拉伸形变为:

$$\varepsilon = \frac{\sigma}{E} \tag{4-45}$$

式中:σ——拉伸应力(MPa);

E——水泥土弹性模量(MPa);

ε——水泥土形变。

当拉伸形变大于该数值时,水泥土被破坏,小于该数值时,水泥土完好,不影响墙体的抗渗能力。马军庆等人认为水泥土的无侧限抗压强度 q_u 与变形模量 E_{50}之间的关系为 $E_{50}=142q_u$,建议水泥抗拉强度与抗压强度之间的比值取 0.10～0.20。对于设计标准为 $q_u=0.8$MPa 的TRD,其抗拉强度为 0.08～0.16MPa 之间,计算中水泥土抗拉强度取 0.1MPa。

水泥土的最大拉伸形变出现在水泥土的最大转角变化量处,因水泥土和型钢协调变形,且水泥土和型钢连续,因此,也是型钢的最大转角变化量,可由式(4-19)计算出型钢最大转角变化量。根据三角函数关系,单位长度的水泥土的最大拉伸量为:

$$\varepsilon^{+} = \frac{B}{2}\sin\frac{\mathrm{d}\theta}{\mathrm{d}H} \tag{4-46}$$

因此,需保证 $\varepsilon^{+} \leqslant \varepsilon$,使得水泥土不产生拉裂,影响墙体质量。水泥土无法承受较大变形,因此,水泥土所承受形变为极限拉伸或压缩量。

将算例中参数代入式(4-45)和式(4-46),针对型钢间距为 0.3m,深度为 10m 的基坑,水泥土形变随深度变化曲线如图 4-25 和图 4-26 所示。对于无冠梁基坑,当基坑深度大于 8.45m 时,水泥土拉伸形变大于极限拉伸形变,水泥土将出现破坏。对于有冠梁的基坑,因冠梁有效的承担了部分荷载,基坑弯矩和变形较小,水泥土产生的拉伸形变较小,不产生破坏。

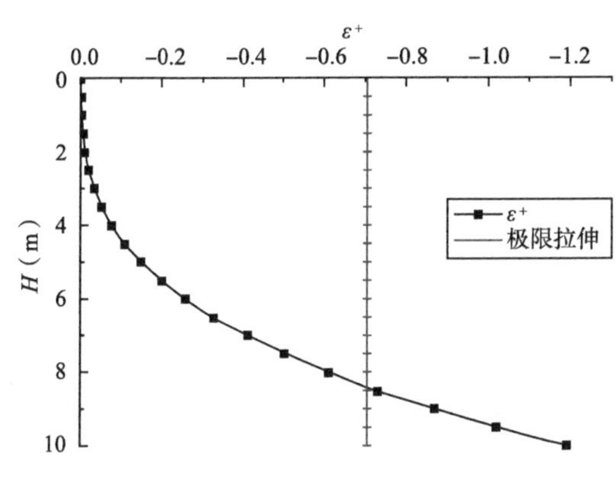

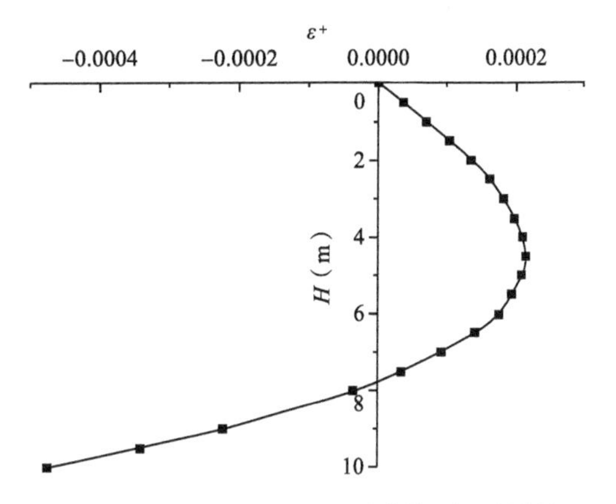

图4-25　水泥土形变随深度变化曲线(无冠梁基坑)

图4-26　水泥土形变随深度变化曲线(有冠梁基坑)

由材料力学知识可知：

$$\sigma = \frac{My_{\max}}{I_z} \tag{4-47}$$

式中：σ——拉伸或压缩强度(MPa)；

M——力矩(N·m)；

$y_{\max}$——最大压缩或拉伸点到中心轴距离，为水泥土墙体厚度一半(m)；

I_z——惯性矩(m^4)。

$$I_z = \frac{BL_2^3}{12} \tag{4-48}$$

因此，对于一定厚度的TRD墙体，所能承受的最大弯矩为：

$$M = \frac{6}{\sigma L_2^3} \tag{4-49}$$

水泥土所承受的水土压力，由水泥土的极限屈服强度传递至型钢，因此在不考虑拱效应的作用下，水泥土所承受的水土压力要小于水泥土的极限屈服强度。

4.4.2　型钢承载力验算

为保证基坑稳定性，防止型钢进入屈服阶段，影响施工安全和上述两类的计算结果，均应针对型钢的承载能力应进行单独验算，确保材料强度满足要求。

(1)弯矩应全部由型钢承担，并按下式验算型钢抗弯强度：

$$\frac{1.25\gamma_0 M_k}{W} \leqslant f \tag{4-50}$$

式中：γ_0——支护结构重要性系数，按行业标准《建筑基坑支护技术规程》(JGJ 120—2012)有关规定取值，但γ_0不应小于1.0；

M_k——型钢水泥土连续墙墙身的最大计算弯矩标准值(N·mm)；

W——型钢沿弯矩作用方向的截面模量(mm^3)；

f——钢材的抗弯强度设计值(N/mm^2)。

(2)剪力应全部由型钢承担,并按下式验算型钢的抗剪强度:

$$\frac{1.25\gamma_0 V_k S}{It_w} \leqslant f_v \tag{4-51}$$

式中:V_k——型钢水泥土连续墙的剪力标准值(N);

S——型钢计算剪应力处以上毛截面对中和轴的面积矩(mm^3);

I——型钢沿弯矩作用方向的毛截面惯性矩(mm^4);

t_w——型钢腹板厚度(mm);

f_v——钢材的抗剪强度设计值(N/mm^2)。

作为新型基坑支护形式,按照《型钢水泥土搅拌墙技术规程》(JGJ/T 199—2010)要求,在完成上述型钢水泥土连续墙内力及变形计算后,还应满足基坑整体稳定性、底部土体的抗隆起稳定性、坑底部土体的抗管涌稳定性、抗倾覆稳定性、水泥土局部抗剪承载力等。

4.5 型钢回收

在水泥土中内插型钢可有效提高联合支护结构的刚度,当基坑二次衬砌施工结束后,型钢的提供刚度性能将由二次衬砌的混凝土结构代替,水泥土继续提供抗渗功能。为了节约钢材,降低施工成本,可将H型钢回收。如图4-27所示,型钢插入前需要涂抹减摩剂,因此形成了水泥土、减摩剂和H型钢三类材料相互黏结的形式。

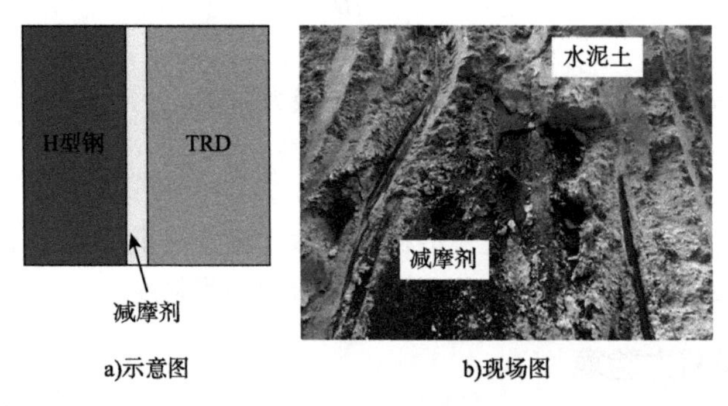

a)示意图　　b)现场图

图4-27　型钢与水泥土黏结

影响型钢回收因素较多,顾士坦等人通过基坑SMW工法型钢起拔力的工程实测分析,认为型钢黏结长度、围护结构侧向变形程度、起拔先后顺序、型钢插入施工工艺等是影响型钢起拔力的重要因素。同种黏结长度的型钢,由于其他因素可能不同,因而使得起拔力有较大差异。张冠军等研究了SMW工法型钢拔出机理,通过建立起拔物理模型和开展试验研究,获得了型钢拔出计算公式,同时认为影响拔出因素较多,其中黏结强度与水泥土的抗压强度有关,但未进行深入的研究。

由第2章研究可知,水泥土的抗压强度与众多因素有关,其中水泥掺量是控制水泥土抗压强度的重要手段,本章通过掺入不同水泥量,获得不同抗压强度的试件,开展推出试验,研究不同抗压强度的水泥土对型钢拔出力的影响。

4.5.1 H 型钢回收机理

H 型钢在拔出时,首先,需要破坏型钢与水泥土之间的黏结结构,该破坏为型钢与水泥土之间的减摩剂的剪切破坏,接触面间微量滑移,拔出阻力由黏结力转向为静止摩擦阻力;继续施加荷载达到总静止摩擦阻力,型钢与水泥土发生较大相对位移,拔出阻力由静摩擦阻力向动摩擦阻力转变;此后,型钢拔出位移加快,拔出荷载迅速下降,直至型钢完全拔出。根据实测的 H 型钢拔出曲线,把 H 型钢拔出过程可分成 4 个阶段,如图 4-28 所示。

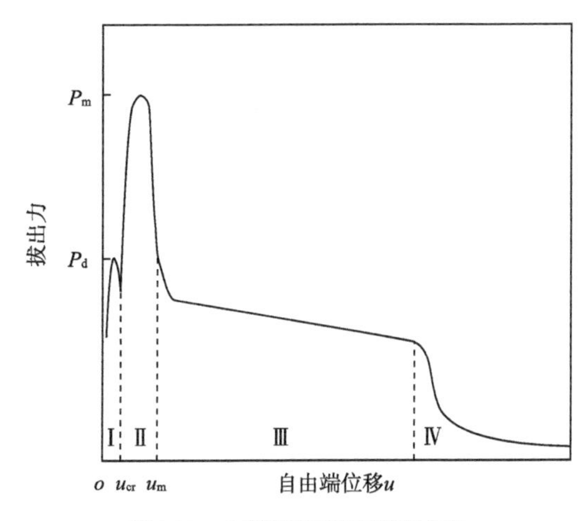

图 4-28 H 型钢拔出实际特征曲线

当型钢在支护过程中,发生形变时,将因此产生额外的变形阻力。变形阻力与变形量密切相关,索玉文研究了拉力型锚索在孔道弯曲情况下受力机理,该研究内容与 TRD 拔出机理相似,该研究基于变形基于据半空间无限体理论的 Mindlin 解,利用 Matlab 和 Mathematics 等数学计算软件,给出了应力分布规律,认为变形越大,其轴向力越大。因此,型钢拔出机理与型钢支护变形密切相关。

通过上述分析,H 型钢的拔出阻力即回收时的起拔力 P_m 主要由静摩擦阻力 P_f、变形阻力 P_d 及自重 G 三部分组成,即:

$$P_m = P_f + P_d + G \tag{4-52}$$

4.5.2 影响型钢回收因素

H 型钢回收将由起重设备拔出,为便于型钢拔出,在插入型钢时,在其表面涂抹一层固体减摩剂。

(1)减摩剂性能

张冠军等针对 SMW 工法型钢起拔开展试验研究,分别测试不同种类减摩剂对在型钢起拔过程中的性能。自制模拟水泥土箱尺寸为 1.0m×1.0m×1.0m,箱内水泥土厚为 0.8m,选用扁铁模拟型钢,其尺寸为 20mm×2.5mm×300mm,扁铁水泥土接触面积为 112.52cm^2。

表 4-2 中两组数据表明,每组的固体减摩材料的黏结强度最小,油性减摩材料较大,水溶性则更大,而未涂减摩材料的黏结强度最大。同时,发现黏结强度与水泥土的抗压强度有关。在 TRD 施工中,选取黏结强度最小的固体减摩材料作为减摩剂,典型的固体减摩剂性能参数

见表4-3。目前,型钢与水泥土之间的单位面积静摩阻力取0.02~0.04MPa。

不同减摩剂黏结强度试验结果 表4-2

组别	减摩剂名称	起拔力均值(kN)	黏结强度(kPa)	备注
第一组	油性(日方)	650	18	(1)水泥土龄期65d; (2)水泥土抗压强度 $q_u=1.8\text{MPa}$
	固体(日方)	450	40	
	水溶性(日方)	1230	109	
	水溶性(自制)	1830	163	
	未涂减摩剂	2950	262	
第二组	油性	1467	130	(1)水泥土龄期30d; (2)水泥土抗压强度 $q_u=1.25\text{MPa}$; (3)本组减摩材料均为自制
	固体	100	9	
	油水溶性A	967	86	
	油水溶性B	833	74	
	蜡水溶性A	1267	113	
	蜡水溶性B	967	86	
	蜡水溶性C	1033	92	
	蜡水溶性D	1200	107	
	未涂减摩剂	1200	178	

固体减摩剂性能参数 表4-3

项目	A型	B型	C型
外观		绿色油膏状	
水溶性		不溶	
重度(g/cm³)	1.06~1.25	0.93~1.12	0.89~1.02
滴点(℃)	≥40	≥55	≥68
稠度等级	2~3	4~5	6~8
固化时间(min)	5~6	3~5	2~4
与水泥土胶黏强度(MPa)		0.01~0.04	
与H型钢胶黏强度(MPa)		0.08~0.13	
腐蚀性		无	

(2)水泥土抗压强度

基于第2章研究发现,水泥土抗压强度受众多因素影响,根据TRD设计参数,水泥土抗压强度大于等于0.8MPa。水泥土抗压强度对型钢回收影响复杂,目前尚无成熟的理论,研究基于室内试验,研究不同水泥土强度下对型钢回收的影响。

(3)型钢变形

目前,在型钢起拔计算中,当水泥土搅拌桩垂直度偏差$\Delta m/L_H \leqslant 0.5\%$($\Delta m$为水泥土搅拌桩墙体最大水平位移,$L_H$为型钢在水泥土搅拌桩中的长度),则认为静摩擦阻力$P_f$等于型钢变形阻力$P_d$。因此,根据第5章计算,对于环境保护等级为二级的基坑,其变形$\Delta m/L_H \leqslant$

0.3%,满足上述条件。即:

$$P_{\mathrm{f}} = P_{\mathrm{d}} \tag{4-53}$$

4.5.3　型钢推出试验

为研究不同抗压强度水泥土对型钢回收的影响,现通过室内试验,研究其影响规律,具体试验内容如下:

(1)试验材料

如图4-29所示,使用直径30cm,高30cm圆形钢桶作为磨具,在其圆心位置内插型钢HN100×50的H型钢,长度为50cm,便于后期的推出试验,假设型钢顶端为0cm,分别在50cm、40cm和30cm处粘贴应变片。

a)钢桶

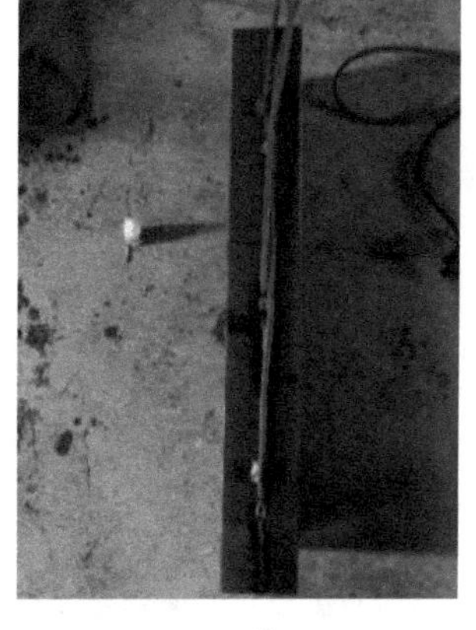

b)H型钢

图4-29　制作试样的钢桶与型钢

水泥掺量分别为5%、10%、15%和20%,为保证试验准确性,每种水泥掺量进行两组试验,水泥为普通P·O 42.5硅酸盐水泥,水泥浆液水灰比为1:1;试验用土选用青岛地区南岭路站C2出入口的第四系的原状土;减摩剂为固体A型减摩剂。

(2)试样制作与养护

清除H型钢表面的污垢及铁锈,型钢翼缘外侧粘贴应变片,涂抹减摩剂使用专用电热棒均匀加热,融化后均匀充分搅拌使其厚薄均匀,然后再涂刷于H型钢表面,其厚度控制在1.0mm以上,待减摩剂凝固后,放置于钢桶圆心处,注入搅拌均匀的水泥土至桶顶。

水泥土使用将试验用土称重后,按照水泥土掺入比称取水泥量,配制水泥浆,使用电动搅拌器将水泥浆与试验用土搅拌均匀,去除土中较大石块、树根等杂质后使用。每种水泥掺量制作三个试样,标准养护28d后,使用万能液压试验机测定单轴抗压强度。

试块制作完成后,放入标准养护室内(图4-30),标准养护28d后,进行型钢推出试验。

(3)型钢推出

如图4-31和图4-32所示,使用液压万能试验机推出型钢,为便于型钢推出,在试块下方放置两块型钢,推出速度选取1mm/min。

图 4-30　试件养护

图 4-31　型钢推出试验

a)

b)

c)

图 4-32　水泥掺量为 20% 的试件推出过程

(4) 试验结果

如图 4-33 所示，水泥土的单轴抗压缩强度随水泥掺量的增加而增大，在水泥掺量为 5% ~ 20% 的区间，其强度增长速率较快。5% 的水泥掺量水泥土抗压缩强度为 112kPa，该数值大于减摩剂与水泥土的黏结强度。

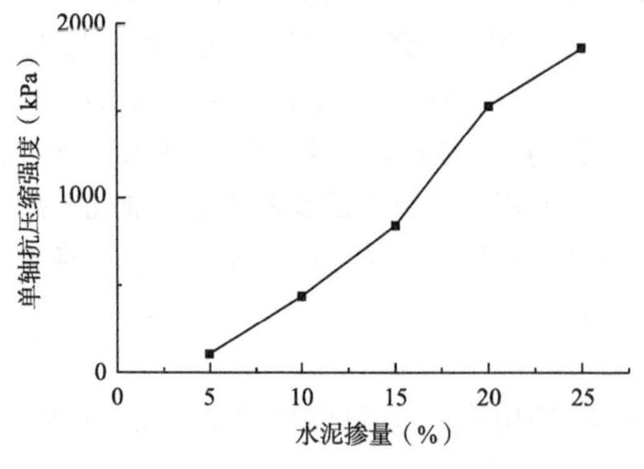

图 4-33　不同水泥掺量的单轴抗压缩强度曲线

如图 4-34 所示，型钢推出后，水泥掺量为 5%、10% 和 15% 的试块出现裂纹，且破坏掺量越低，裂纹越大。水泥掺量为 20% 试块型钢推出后，未出现裂纹。

a)水泥掺量为5%

b)水泥掺量为10%

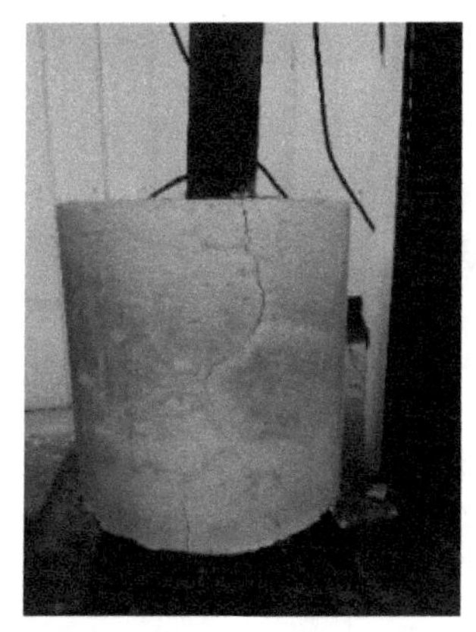

c)水泥掺量为15%

图 4-34　不同水泥掺量型钢推出试验

如图 4-35 所示，水泥掺量不同，最大应力出现时间不同，随水泥掺量的增加，最大应力出现时间越晚，且最大应力越大，型钢与水泥土的黏结力越大。单位面积的型钢与水泥土黏结强度小于 0.04MPa，稳定推出段，推出力大约是最大应力的一半。

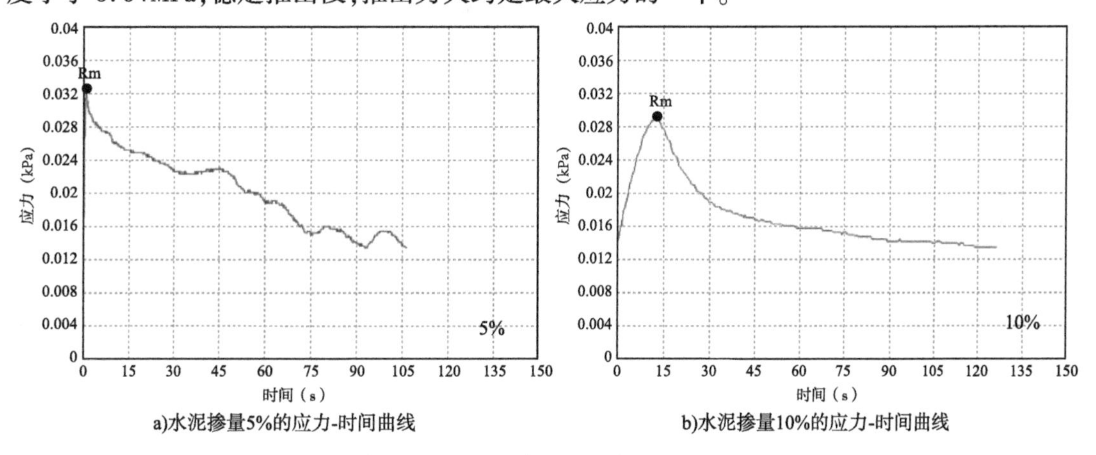

a)水泥掺量5%的应力-时间曲线

b)水泥掺量10%的应力-时间曲线

图　4-35

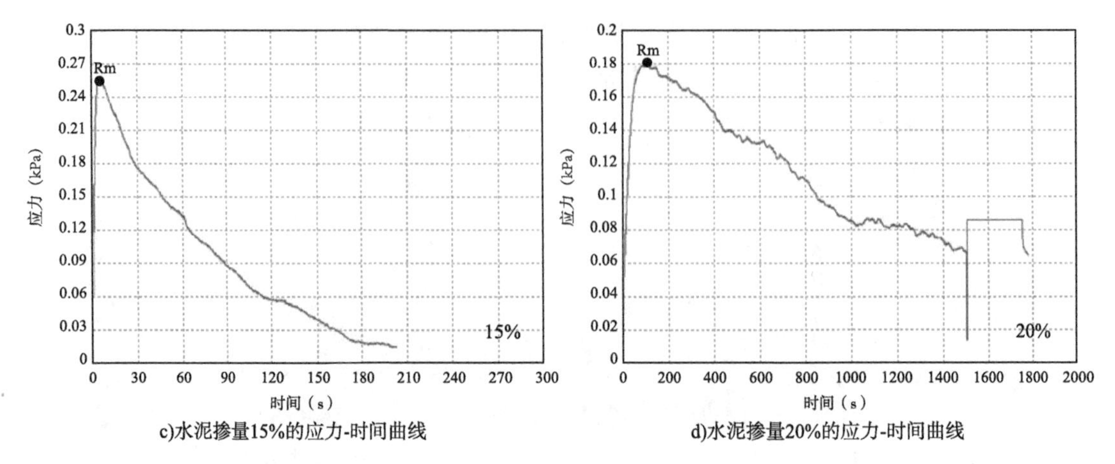

c)水泥掺量15%的应力-时间曲线　　d)水泥掺量20%的应力-时间曲线

图4-35　推出试验的应力-时间曲线

将试件切开后,发现水泥土存在明显的减摩剂摩擦痕迹,因此,减摩剂起到较好的减摩效果,如图4-36所示。

a)

b)

图4-36　水泥土表面摩擦痕迹

4.6　现场试验

为准确验证上述公式的可靠性,通过开展现场试验,获得现场型钢顶端水平位移和不同埋深地应力数值,对比分析试验与计算结果差异性,研究计算准确性,指导工程应用。

4.6.1　试验地点概况

南岭路站是青岛地铁1号线第30个车站,位于重庆路与南岭三路交叉路口西北侧,比邻中南世纪城,沿重庆路南北方向设置。站位西侧为拆迁后待开发地块,站位东侧紧邻重庆路,重庆路为双向十车道市区主干路。C出入口位于南岭路站东侧,设人防段一处。C1口为明挖,通道长度约38.31m;C2口过街段为暗挖,长度约58.26m,出地面明挖段长度约41.00m;C3口为预留出入口。

现场试验选取C2出入口明挖段工程进行原位现场试验,基坑长41.8m,宽7.4m,最大开挖深度15m。出入口设有楼梯和电扶梯,因此,存在角度为30°的斜坡。基坑变形控制保护等级为二级。

C2口明挖结构断面为箱型和"U"型,采用TRD水泥土墙+内支撑支护形式。围护结构采用850mm厚的TRD内插型钢水泥土墙,内插型钢尺寸为HN700×300×13×24,型钢中心距800mm,深18.2m,TRD施工设备主机为中国铁建重工集团股份有限公司生产的LSJ60型,如图4-37所示。

图4-37 LSJ60 TRD施工设备主机

4.6.2 水文地质

南岭路站C2出入口所属地貌为剥蚀堆积地貌,地下水主要赋存在第四系松散砂土层及基岩的裂隙中,试验区各地层物理力学参数见表4-4。

试验区各地层物理力学参数 表4-4

地层	土类名称	层厚(m)	重度(kN/m³)	浮重度(kN/m³)	黏聚力(kPa)	内摩擦角(°)
1	素填土	0.80	18.5	—	18.00	18.00
2	黏性土	6.20	19.3	9.3	27.30	13.50
3	粗砂	2.30	19.6	9.6	0.00	35.00
4	黏性土	2.40	19.3	9.3	27.30	13.50
5	粗砂	6.20	19.6	9.6	0.00	35.00
6	强风化岩	0.60	22.5	12.5	—	—
7	中风化岩	4.54	25.0	15.0	—	—

4.6.3 试验内容

如图4-38和图4-39所示,根据开挖深度不同,选取6根型钢作为研究对象,其中1号型钢开挖深度为11.24m,2号型钢开挖深度为14.99m,3号型钢开挖深度为13.14m,4~6号型钢开挖深度为10m。

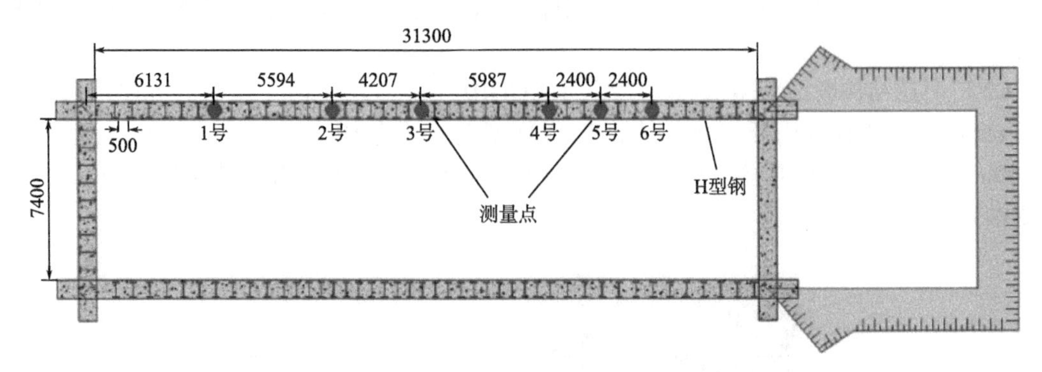

图 4-38　青岛地铁 1 号线南岭路站出入口平面图(尺寸单位:mm)

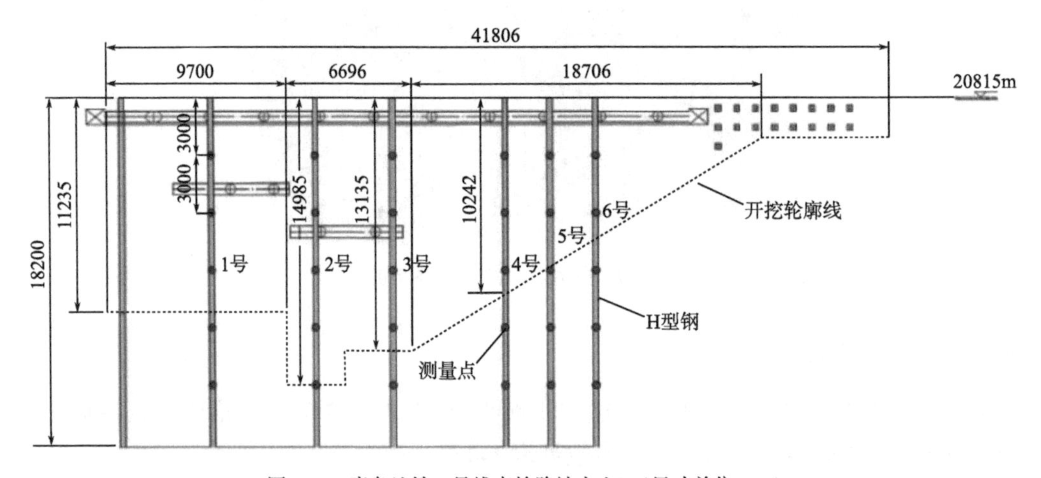

图 4-39　青岛地铁 1 号线南岭路站出入口(尺寸单位:mm)

每根型钢分别在深度 3m、6m、9m、12m、15m 安装 FY-EJ 系列振弦式应变计,使用 CTY-202 型系列测读仪读取数据,如图 4-40 所示。

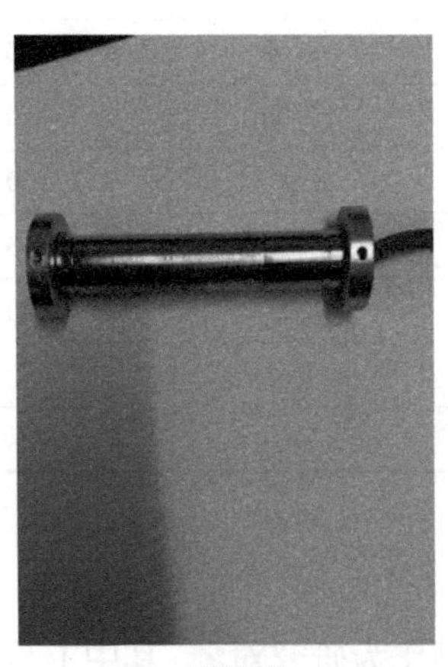

a)传感器

b)测量主机

c)传感器安装

图 4-40　应力传感器的布置与测量

因开挖深度较大，为确保安全，在坑内设置第2道和第3道内部支撑，用直径609，壁厚16mm钢管支撑，平均间距3m，支撑位置如图4-41所示。该两道内部支撑，不施加预应力，两端各留有3cm自由空间，该变形范围满足基坑变形控制保护等级为二级的要求。

内插型钢的TRD施工完成后，如图4-42所示，在施工冠梁混凝土时，使用土工布包覆型钢，避免与混凝土黏接，形成上述计算中的滑动铰支座。在型钢顶端设置横支撑，根据设计要求，支撑采用直径609mm，壁厚16mm钢管支撑，平均间距3m。

图4-41　内插型钢的TRD施工完成

图4-42　基坑开挖完成

4.6.4　试验结果

基坑开挖至设计深度后，暂停二次衬砌施工，按时测量基坑侧壁水平位移和水泥土应力，至数据稳定后，试验结束，继续二次衬砌施工。试验期间，在坑底安装应急排水泵，应对降雨、渗漏水等紧急情况。但是，基坑开挖全过程中，未出现渗透水现象，如图4-43所示。

a)东侧

b)西侧

图4-43　基坑开挖后TRD墙面

计算型钢水平位移随深度变化曲线，公式中各参数采用实测值，其中土体重度采用平均重度19.5kN/m^3，主动土压力系数为0.42，型钢间距为0.5m。

通过应变计获得了不同埋深处作用于水泥土和型钢处的土压力，所测土压力小于计算土压力，如图4-44所示，主要因基坑开挖产生的时间效应的影响，且测量结果显示，土压力随时间增加而增大。最大土压力为2号型钢的坑底，该处最大土压力115.31kPa，该数值小于设计中水泥土最大抗拉强度 120kPa,因此可满足支护要求。

基坑开挖后,使用全站仪监测各测量点处的水平位移,如图 4-45 所示,测量数值与计算数值变化形态一致,与实测数值最大偏差为 20%。实测最大水平位移为 2.69cm,小于 3cm,满足基坑变形控制保护等级为二级的要求。测量数值小于计算数值,主要由于型钢顶部施做了混凝土冠梁,型钢之间相互影响,且存在开挖的时空效应,因此,实际测量数值偏小。

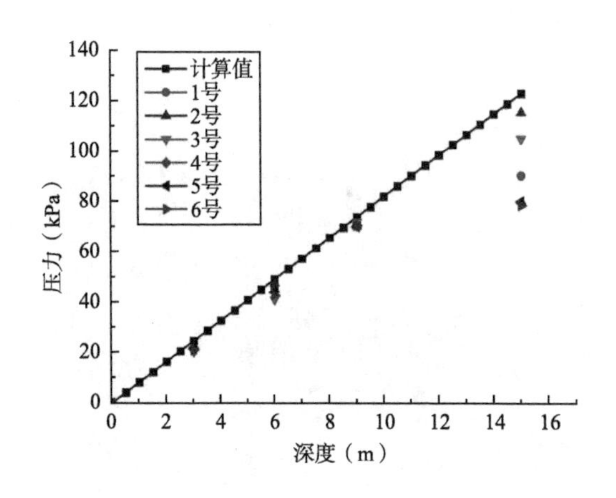

图 4-44 各测量点的土压力计算值和实测值

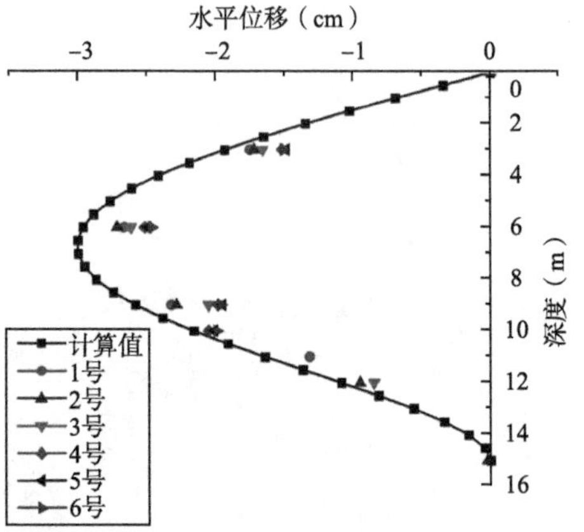

图 4-45 各测量点的水平位移计算值和实测值

通过上述现场试验,说明本章节计算分析结果,可适用于内插型钢的 TRD 水平位移计算。计算结果大于实测结果,主要因为在混凝土冠梁作用下,各型钢之间的相互影响,降低了型钢的水位位移,同时,基坑长度较短,两个端头部位的支撑作用,也降低了型钢的水平位移。

陈烜等人通过 ABAQUS 有限元分析软件研究,建立内插型钢等厚水泥土连续墙的基坑模型,认为型钢拔除对水泥土墙深层最大水平位移和周边地面沉降有较大影响,两边到中间对称拔桩更有利于控制水泥土墙的变形和周边地面沉降型钢回收现场如图 4-46 所示。因此,南岭路站 C2 出入口的拔出顺序为由中间向两头拔出。

图 4-46 型钢回收现场

根据《渠式切割水泥土连续墙技术规程》(JGJ/T 303—2013),对南岭路站 C2 出入口的型钢开展起拔验算,即

$$P_{\mathrm{m}} < [P] = 0.75fA_{\mathrm{H}} \tag{4-54}$$

当水泥土搅拌桩垂直度偏差 $\Delta m/L_{\mathrm{H}} \leqslant 0.5\%$（$\Delta m$ 为水泥土搅拌桩墙体最大水平位移，L_{H} 为型钢在水泥土搅拌桩中的长度），$P_{\mathrm{f}} = P_{\mathrm{d}}$。

重力相对于摩擦力在回收验算中忽略，因此公式：

$$P_{\mathrm{m}} = P_{\mathrm{f}} + P_{\mathrm{d}} + G \approx 2P_{\mathrm{f}} = 2\mu AL_{\mathrm{H}} \tag{4-55}$$

μ 为型钢和水泥土的单位面积摩擦力，取 0.03MPa，型钢规格为 HN700 × 300，查阅《热轧H 型钢和剖分 T 型钢》（GB/T 11263—2017），其 $A = 2.54\mathrm{m}^2/\mathrm{m}$，$L_{\mathrm{H}} = 18\mathrm{m}$。

代入公式，得：$P_{\mathrm{m}} = 2743.2\mathrm{kN}$。

因为型钢的牌号为 Q235BP，取屈服强度为 $225 \times 10^6\mathrm{Pa}$，满足公式(4-54)的验算要求。

如图 4-47 所示，回收过程选用 2 个千斤顶配一个 50t 起重机，首先，在型钢两侧各放置一个液压千斤顶，利用千斤顶较大的提升力，将型钢与水泥土的黏结破坏，即自由位移的Ⅰ区和Ⅱ区；待型钢拔出一定距离后，进入自由位移的Ⅲ区后，使用起重机将型钢拔出。

图 4-47 型钢端部液压千斤顶

型钢拔出后，会出现较大空隙，影响墙体的抗渗性能，应及时注入水泥浆液封闭原型钢空隙，所用水泥为普通 P·O 42.5 硅酸盐水泥，水灰比为 1∶1 ~ 1∶1.5，为确保水泥浆液应填满全部空隙，可使用 PVC 管插入至空隙的底部，使水泥浆液自下向上均匀填满，保证墙体的较好的抗渗性能，使得 TRD 墙仍可作为基坑永久止水帷幕。

4.7 本章小结

通过上述理论分析和计算，并开展了现场试验，获得了以下结论：

(1)基于模型数值模拟结果，型钢将承担 99% 的弯矩，且型钢和水泥土刚度相差较大，计算中不考虑水泥土刚度的贡献，应力分析中，作用于水泥土和型钢上的水土压力全部由型钢承担,建立了内插型钢 TRD 受力模型。

(2)通过分析和数值推导,获得了型钢顶部自由状态下的应力、力矩、转角和水平位移计算公式。基坑开挖后,主动土压力引起型钢的水平位移大于被动土压力引发的位移。基坑开挖 1m,墙顶产生了 2.1cm 位移,是开挖至坑底 10m 时的一半,位移量较大,开挖深度继续增加,所产生的水平位移量逐渐减少,当基坑开挖至 5m 时,基坑水平位移已接近最终位移曲线,尤其型钢顶端最大位移处。因此,大量的位移是在开挖初始阶段产生。

(3)基于不考虑被动土压力的影响,推导出型钢顶部约束状态下的应力、力矩、转角和水平位移计算公式。加顶部支撑后,型钢水平位移得到有效控制,5m、10m 和 15m 三类开挖深度基坑的型钢顶部位移分别为 0.01mm、0.04mm 和 0.1mm,且最大位移由无冠梁时的顶部,变为基坑的中部偏上的位置。

(4)型钢水平位移量随基坑深度和型钢间距的增加而增大,基坑深度对型钢水平位移的影响大于型钢间距对其影响。在满足基坑变形控制保护等级设计要求条件下,可适当增加型钢间距,以降低成本,节约工期。

(5)为保证墙桩一体独立支护体系抗渗和强度性能,需保证水泥土不被破坏,基于型钢和水泥协调变形,获得了水泥土形变计算公式,通过算例,发现冠梁可有效降低水泥土形变,型钢作为墙桩一体支护体系中的劲性材料,应满足承载力验算要求。

(6)通过不同水泥掺入比的型钢推出试验可知,水泥掺量不同,最大应力出现时间不同,随水泥掺量的增加,最大应力出现时间越晚,且最大应力越大,型钢与水泥土的黏结力越大。单位面积的型钢与水泥土黏结强度小于 0.04MPa,稳定推出段,推出力大约是最大应力的一半。

(7)通过现场试验,证明型钢水平位移计算公式可适用于内插型钢的 TRD 水平位移计算。计算结果大于实测结果,下一步应考虑冠梁作用下,各型钢之间的相互影响。

第 5 章　TRD 稳定性研究

TRD 稳定性是保证施工安全的基础,根据不同施工阶段,将 TRD 稳定性分为施工过程稳定性和墙桩一体支护稳定性。目前对施工过程稳定性开展的相关研究较少,需要进行针对性研究。作为基坑初期支护的一种,墙桩一体支护稳定性需满足基坑稳定性的相关设计标准和规范的要求。

针对施工过程稳定性,本章主要研究了 TRD 施工过程中的槽壁稳定性。针对 TRD 施工特点,研究了槽内泥浆和上覆荷载参数对槽壁稳定性的影响,通过受力分析,建立槽壁失稳破坏模型,采用极限平衡法建立应力平衡方程,获得了安全系数计算公式,通过分析槽内泥浆屈服强度工作区间,得到了考虑泥浆参数的安全系数随深度变化曲线;分析了 TRD 施工设备主机自重荷载对槽壁稳定性的影响,定义了最小安全距离,为 TRD 的安全施工提供了一定的理论基础。

针对墙桩一体支护稳定性,本章主要研究了基底稳定性,并考虑不同地层条件下 TRD 力学性能的差异性,研究基坑开挖过程中 TRD 的受力变形规律。

5.1　研究方法

库仑理论的力平衡主要用于研究浅层楔形体拉伸破坏,破坏假设模型包括:倾斜平面滑动面的抛物柱或半圆柱体、二维倾斜平面滑动面楔形体、三维壳形滑动面体、带张拉裂缝的二维及三维倾斜平面滑动楔形体等,如图 5-1 所示。郎肯理论的力平衡主要用泥浆压力与侧向土压力的比值定义稳定性,许多学者认为该方法过于保守,提出了主动土压力折减系数公式、以塑性理论为基础的软弱夹土层被挤出的评价方法等改进方法,具体见表 5-1。

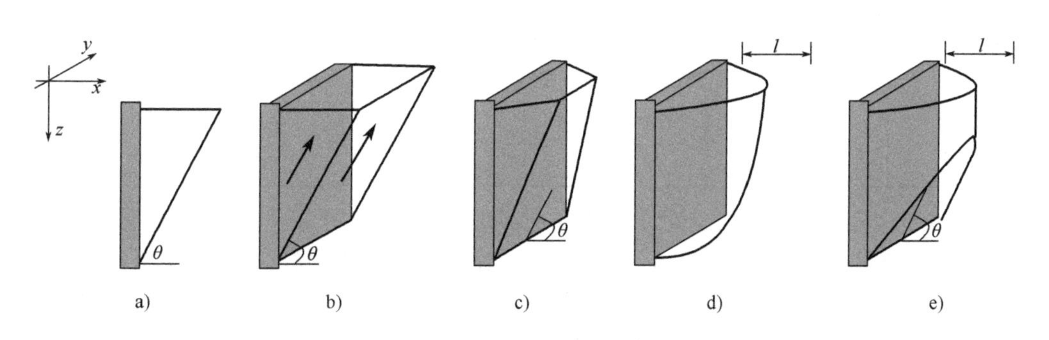

图 5-1　滑动体形状

泥浆护壁稳定性极限平衡法研究现状　　表 5-1

学者	力学基础		维数		平衡条件		
	郎肯模型	库仑模型	二维	三维	应力	力	力矩
Nash & Jones(1963)		√	√			√	
Schneebli(1964)	√		√		√		
Morgenstern(1965)		√	√			√	
Piashowski(1965)		√		√		√	
Huder(1972)	√		√		√		
Hajnal(1984)	√	√	√	√		√	
Tsai & Chang(1996)		√		√		√	
张厚美等(2000)		√		√		√	
Fox(2004)		√		√		√	

水平条分法考虑了土体分层性质,以经典的二维楔形体破坏模型为研究对象,提出稳定性分析的水平条分法。以库仑理论为基础的极限平衡法都存在一些基本假定,在此假设条件下,建立对滑块体满足力和力矩平衡方程,求解最小安全系数和临界滑动面。

强度折减法是在理想弹塑性有限元计算中,将岩土体抗剪强度参数逐渐降低,直到其达到破坏状态为止。强度折减法是一种基于有限元方法进行稳定性分析的新方法,该方法需借助计算软件,通过多次试算获得最小安全系数。20 世纪 70 年代,Zienkiewicz 就提出了采用降低岩土体强度的方法来计算岩土工程的安全系数。郑颖人等基于强度折减法研究土体滑动破坏,认为土体滑动面塑性区贯通是土体破坏的必要条件,但不是充分条件。

5.2　施工过程稳定性

TRD 工法应用于软土层的支护与抗渗。在施工过程中,切割链刀垂直切削土体,与注入的切割液和水泥浆液混合,破坏原有地应力平衡,形成充满液态水泥土的连续沟槽,沟槽内混合的水泥土需要数小时凝固,无法在短时间内提供有力支撑。同时,根据三步法施工特点,TRD 施工设备主机需在槽壁一侧行走三次,切削深度较大,而主机自重大(表 5-2),距离槽壁距离近(约 1.2m),会进一步威胁槽壁的稳定性。槽壁稳定性既是保证主机稳定的安全基础,也是确保施工质量(垂直度 <1/250)的前提。

部分 TRD 施工设备主机自重(含 36m 切割箱)　　表 5-2

机器型号	TRD-Ⅲ	TRD-CDM850	TRD-E	TRD-D	FSJ-60
主机自重	132t	140t	145t	155t	145t

目前,关于 TRD 的槽壁稳定性计算研究成果较少,可借鉴地下连续墙槽壁稳定性研究成果。地下连续墙是使用挖槽机,分段将原位土体取出,置入钢筋笼后,灌入混凝土,形成等厚混凝土墙。在灌入混凝土时,槽壁内注满膨润土浆液维持槽壁稳定。该工法与 TRD 工法相比,共同点是均形成较深的沟槽,需保证槽壁稳定;区别主要是地下连续墙机械自重较小,且距离槽壁较远,对槽壁稳定性影响较小,同时槽内膨润土浆液屈服强度值远低于 TRD 工法中的混合水泥土(图 5-2)。因此,本节将基于泥浆性能和荷载参数对槽壁稳定性开展研究。

图 5-2　槽壁失稳引发主机偏斜

5.2.1　TRD 槽壁安全系数计算

槽壁稳定性是保证工程安全和质量的前提。如图 5-3 所示，根据失稳是否发展至地面，影响 TRD 施工设备稳定性，槽壁失稳分为浅层失稳和深层失稳。浅层失稳发生在地表，因 TRD 工法多应用于第四系软弱地层，地表地层往往为回填土或素填土，承载力不足，地应力平衡被破坏，在槽壁单侧超载作用下，引发上层土体的破坏。地层被链刀切割后，形成单方向临空面，软土在上覆超载作用下，被挤压向槽内凸出，而后立刻被运行中的链刀切削搅拌，软土继续被挤压进入槽内，循环往复被链刀切削搅拌，破裂面将不断扩大，直至发展至地面，引起主机偏斜，影响施工质量和安全。因此，浅层槽壁稳定是本章研究重点。

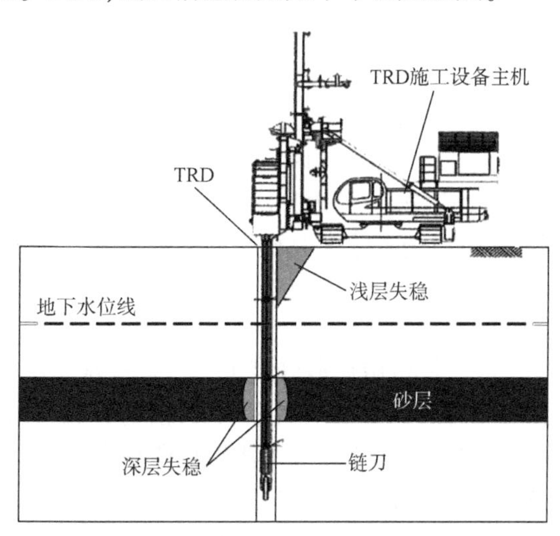

图 5-3　槽壁失稳示意图

深层失稳往往发生在内部薄弱地层，因 TRD 需要改善的土层位置是深部含水层或导水通道，在第四系中，含水层或导水通道多为中粗砂层，这也是 TRD 工法被大量应用于沿海和沿河区域的原因。中粗砂层基本无黏结力,与浅层破坏类似,当临空面出现后,砂层向槽内塌落,塌落体进入搅拌区域,被链刀切削破坏,因破坏位置泥浆压力较大,能够提供足够的抗力,防止破裂面的继续发生。这一现象在后续安全系数计算中得到了证实。

泥浆在静压力作用下易渗透进入未破坏的中粗砂层中,同时,塌落的砂层与各层位黏土层以及注入的切割液混合,形成黏度较大的泥浆混合液,其随着刀具运行过程,在破坏区域形成一层泥皮,可维持槽壁稳定,如图 5-4 所示。虽然深层破坏不能影响施工安全,但是会引起部分水泥浆液的流失,降低该区域的水泥浆液含量,造成强度离散性强,影响成墙质量,这已经在第 2 章和第 3 章中进行了深入讨论。

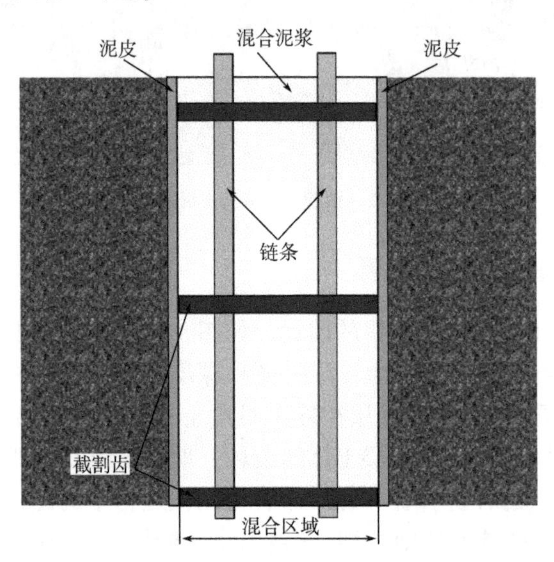

图 5-4　槽壁泥皮形成示意图

深层破坏在一定条件下可转化为浅层破坏,如槽内泥浆不能提供有效支撑力,砂层厚度因地质条件改变等不利因素产生,深层破坏进一步向上发展,转化为浅层破坏。

为了准确描述 TRD 施工中槽壁稳定性,应对稳定性进行量化分析研究。TRD 开挖所形成的槽壁为垂直形态,在槽内水泥土凝固前,槽内可视为无刚性支撑,类似基坑工程中的垂直边坡,可将 TRD 开挖沟槽假设为宽度极小、无限长的基坑。因此,按照基坑垂直边坡稳定的安全系数定义 TRD 槽壁安全系数,即安全系数 F 是极限屈服强度 τ_f 与土体剪切力 τ 之比。

$$F=\frac{\tau_f}{\tau} \tag{5-1}$$

在力学计算中,当 $F\geqslant1$,即土体极限屈服强度大于土体所承受的剪切力,槽壁能够维持稳定;当 $F<1$,即土体所承受的剪切力大于极限屈服强度,槽壁将发生失稳破坏。该安全系数可在力学分析基础上,较为准确地描述 TRD 工法中浅层槽壁稳定性。

在工程应用中,安全系数受地质条件和土体性质影响较大,TRD 工法作为新型工法,具体标准尚无统一规定。其安全系数可借鉴基坑整体稳定性相关规定,基坑整体稳定性安全度指标见表 5-3。因 TRD 槽壁安全系数定义与基坑稳定安全系数相同,且后续槽壁计算模型与基坑稳定性计算模型相似,因此,借鉴《建筑地基基础设计规范》(GB 50007—2011)关于稳定安全系数的规定,即 $F\geqslant1.2$ 时,槽壁稳定。

基坑整体稳定性安全度指标　　表5-3

规范	安全系数规定值
建筑地基基础设计规范(GB 50007—2011)	1.2
建筑基坑工程技术规范(YB 9258—97)	1.1～1.2
上海市基坑工程设计规范(DBJ 08-61—97)	1.25
上海市地基基础设计规范(DGJ 08-11—2018)	1.3

注:上海市地基基础设计规范(DGJ 08-11—2018)以分项系数来描述对安全度的要求,若无特殊说明本章表格中上海市地基基础设计规范(DGJ 08-11—2018)取值均用抗力分项系数来表示安全度指标。

(1)受力分析

槽壁稳定性由地层物理力学参数、上覆荷载参数、槽内泥浆参数和所开挖沟槽参数四类物理参数决定。由安全系数定义可将上述参数划分为土体应力和土体屈服强度,其中土体所受应力为:重力、上覆荷载,土体屈服强度除了由土体自身屈服强度外,还包含槽内泥浆所提供的抗力。

通过调查TRD工法部分浅层失稳案例,在浅层失稳的破坏形式中,楔形体破坏模型接近真实情况。因此,采用带张拉裂隙的楔形体破坏模型,研究TRD槽壁稳定性,受力分析如图5-5所示。

图5-5中,Q为TRD施工设备主机自重,W为破裂体自重,N为破裂面对破裂体的支撑力,T为倾斜破裂面的抗力,S为楔形破裂体两端垂直破裂面的抗力,P_s为混合水泥土提供的水平抗力。根据安全系数公式定义,分别在楔形破裂体两个垂直侧面和一个倾斜破裂面建立极限力平衡方程。

上覆荷载长度决定了破裂体长度,在TRD施工过程中,其上覆荷载主要为主机自重,因此,破坏体的长度与主机与地面接触长度相关。主机通过履带与地面接触,可假设破裂长度为主机履带长度,建立三维失稳模型,如图5-6所示。

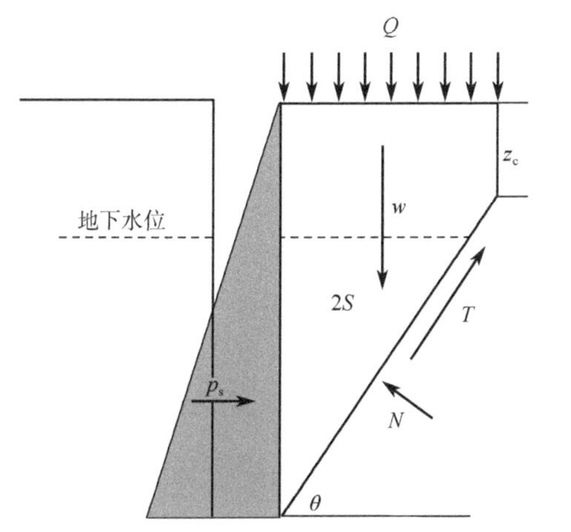

图5-5　二维楔形失稳受力分析

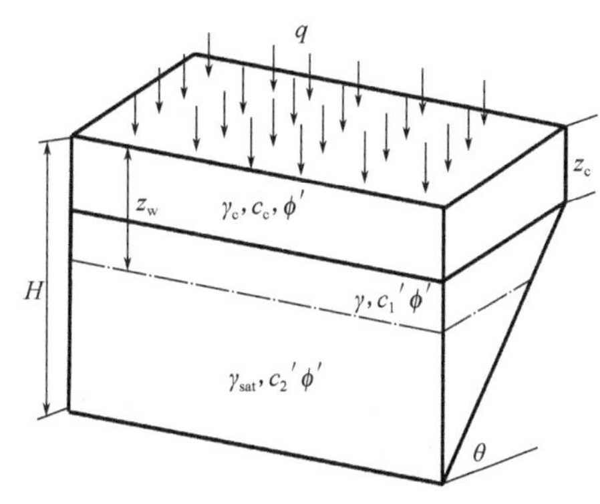

图5-6　三维楔形失稳

由三维失稳模型可知,存在三个方向破裂面,即破裂面两侧的垂直面和下方的斜面,三个方向均可用安全系数定义进行分析。

为了便于计算和受力分析,在进行失稳分析前,需作出模型基本假设:

①破坏体为刚性体,不考虑其内部变形;

②各层土体为各向同性的均质体;

③搅拌混合后的泥浆各向均匀同性,不考虑搅拌过程中泥浆浓度变化;

④不考虑土壤固化液注入后的固化反应。

(2)槽壁安全系数

TRD 切割箱垂直切削搅拌原位土体,形成黏度较大的未凝固水泥土,可在槽壁形成一层泥皮,如图 5-4 所示,阻断槽内外水力联系,应采用全应力分析法。

由安全系数计算公式(5-1),可知垂直破裂面安全系数为:

$$F = \frac{\tau_s \cot\theta}{S} \tag{5-2}$$

根据莫尔-库仑公式,屈服强度可由下式决定:

$$\tau_s = \int_{z_c}^{z_w} (c_1 + \sigma_{h1}\tan\phi)(H - z)\mathrm{d}z + \int_{z_w}^{H} (c_2 + \sigma_{h2}\tan\phi)(H - z)\mathrm{d}z \tag{5-3}$$

式中,正应力 σ_h 为水平方向,由主动土压力提供。

$$\sigma_{h1} = K[q + \gamma_c z_c + \gamma(z - z_c)] \tag{5-4}$$

$$\sigma_{h2} = K[q + \gamma_c z_c + \gamma(z_w - z_c) + \gamma'(z - z_w)] \tag{5-5}$$

将式(5-4)和式(5-5)代入式(5-3),得:

$$\begin{aligned}\tau_s = {} & c_1[2H(z_w - z_c) + z_c^2 - z_w^2] + c_2 (H - z_w)^2 + \\ & K\tan\phi(q_r + \gamma_c z_c)(H - z_c)^2 + \\ & \frac{K}{3}\tan\phi(\gamma' - \gamma)(H - z_w)^3 + \frac{K}{3}\tan\phi(\gamma)(H - z_c)^3\end{aligned} \tag{5-6}$$

式中:c_1——地下水位以上土体黏聚力(N/m^2);

c_2——地下水位以下土体黏聚力(N/m^2);

H——等厚水泥土连续墙深度(m);

z_w——地下水位埋深(m);

z_c——土压力为 0 的深度(m);

K——主动土压力系数;

q_r——上部荷载在破裂面上分量(N/m^2);

q——上部荷载(N/m^2);

γ——土体重度(N/m^3);

γ'——水位线以下浮重度(N/m^3);

γ_c——破裂块体重度(N/m^3)。

由安全系数计算公式(5-1),可知倾斜破裂面安全系数为:

$$F=\frac{\tau_{\mathrm{T}}}{T} \tag{5-7}$$

式中：τ_{T}——倾斜面上的抗剪强度，由黏聚力和斜面垂直作用力的分力构成。

$$\tau_{\mathrm{T}}=[c_1(z_{\mathrm{w}}-z_{\mathrm{c}})+c_2(H-z_{\mathrm{w}})]L\csc\theta+N\tan\varphi \tag{5-8}$$

倾斜平面上水平和垂直方向的力平衡条件为：

$$\sum F_{\mathrm{N}}=N+U-(W+Q)\cos\theta-P_{\mathrm{s}}\sin\theta=0 \tag{5-9}$$

$$\sum F_{\mathrm{T}}=2S+T-(W+Q)\sin\theta-P_{\mathrm{s}}\cos\theta=0 \tag{5-10}$$

将式(5-2)和式(5-7)代入式(5-10)，得：

$$2\frac{\tau_{\mathrm{s}}\cot\theta}{F}+\frac{\tau_{\mathrm{T}}}{F}-P_{\mathrm{s}}\cos\theta=0 \tag{5-11}$$

将式(5-9)与式(5-11)联立，并将各相关参数代入后，获得安全系数计算公式：

$$F=A\sec\theta\csc\theta+B\cot\theta+C\tan\theta+D\csc\theta \tag{5-12}$$

其中：

$$A=\frac{\Psi-\Lambda\tan\phi}{\Gamma-\Omega} \tag{5-13}$$

$$B=\frac{\Gamma\tan\phi}{\Gamma-\Omega} \tag{5-14}$$

$$C=\frac{\Omega\tan\phi}{\Gamma-\Omega} \tag{5-15}$$

$$D=\frac{\Phi}{L(\Gamma-\Omega)} \tag{5-16}$$

$$\Phi=c_1'[2H(z_{\mathrm{w}}-z_{\mathrm{c}})+z_{\mathrm{c}}^2-z_{\mathrm{w}}^2]+c_2'(H-z_{\mathrm{w}})^2+K\tan\phi(q_{\mathrm{r}}+\gamma_{\mathrm{c}}z_{\mathrm{c}})(H-z_{\mathrm{c}})^2+\frac{K}{3}\tan\phi(\gamma'-\gamma)(H-z_{\mathrm{w}})^3+\frac{K}{3}\tan\phi(\gamma)(H-z_{\mathrm{c}})^3 \tag{5-17}$$

$$\Gamma=(q+\gamma_{\mathrm{c}}z_{\mathrm{c}})(H-z_{\mathrm{c}})+\frac{\gamma}{2}[2H(z_{\mathrm{w}}-z_{\mathrm{c}})+z_{\mathrm{c}}^2-z_{\mathrm{w}}^2]+\frac{\gamma_{\mathrm{sat}}}{2}(H-z_{\mathrm{w}})^2 \tag{5-18}$$

$$\Lambda=\frac{1}{2}[\zeta\gamma_{\mathrm{fc}}H_{\mathrm{fc}}(z_{\mathrm{w}}-z_{\mathrm{c}})+\gamma_{\mathrm{w}}(H-z_{\mathrm{w}})^2] \tag{5-19}$$

$$\Psi=c_1(z_{\mathrm{w}}-z_{\mathrm{c}})+c_2(H-z_{\mathrm{w}}) \tag{5-20}$$

$$\Omega=P_{\mathrm{s}} \tag{5-21}$$

式中：Λ、Γ、Ω、Ψ——计算参数(N/m)；

Φ——计算参数(N)；

ϕ——土体内摩擦角，L 为槽长(m)。

由式(5-12)可知,存在一个最小破裂面夹角 θ_s,使得安全系数 F 最小,因此,当 $\frac{\mathrm{d}F}{\mathrm{d}\theta}=0$ 时,此时为安全系数最小的破裂面夹角。

$$\cos^3\theta_{cr}+\frac{2A+B+C}{D}\cos^2\theta_{cr}-\frac{A+C}{D}=0 \tag{5-22}$$

将 θ_s 代入式(5-12),获得最小安全系数计算公式:

$$F_s=A\sec\theta_{cr}\csc\theta_{cr}+B\cot\theta_{cr}+C\tan\theta_{cr}+D\csc\theta_{cr} \tag{5-23}$$

式中:F_s——最小安全系数,A、B、C、D 为计算参数;

θ_{cr}——破裂面临界角,通过式(5-22),迭代算出。

通过上述安全系数计算发现,地下水位影响安全系数,在地下水位以上范围,不应考虑深层地下水影响,将在后续实例中计算中发现差异。此时,令上述公式内的 z_w 等于计算深度,即可得到地下水位以上部分的槽壁安全系数计算公式。

z_c 为上覆荷载引起土体拉裂深度,主要由于土体自身存在黏聚力,具有一定承载能力,由 Lamb & Whitman 提出了确切的计算公式:

$$z_c=\frac{2c_c'\tan(45°+\phi'/2)-q}{\gamma_c}\quad(z_c<z_w) \tag{5-24}$$

$$z_c=z_w+\frac{2c_c'\tan(45°+\phi'/2)-q}{\gamma_c}\quad(z_c>z_w) \tag{5-25}$$

上覆荷载的水平方向的应力,在 z_c 深度,为土体自身黏聚力抵消,此处土压力为 0,0 ~ z_c 深度范围内,土体因自身黏聚力能够承担上覆荷载,将不产生倾斜破坏面。z_c 随上覆荷载的增加而减小,如图 5-7 所示,当 $q<2c_c'\tan(45°+\phi'/2)$,$z_c>0$,此时,地面至 z_c 处水土压力之和为正数,槽壁能够自稳,槽壁安全系数应从 z_c 向槽深 H 考察;当 $q\geqslant 2c_c'\tan(45°+\phi'/2)$,$z_c\leqslant 0$ 时,不产生拉裂,为楔形体破坏,楔形破裂面直接延伸至地表。

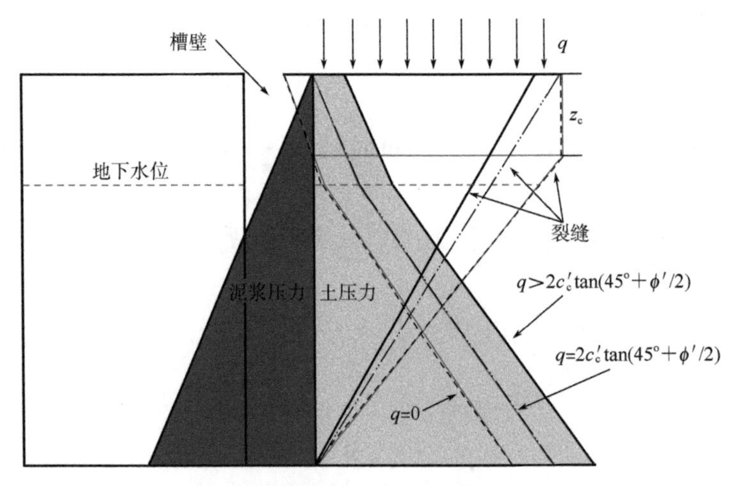

图 5-7 不同荷载条件下土压力变化示意图

通过大量的试验证明,大多数情况下,地下水会削弱土体自身强度,即降低黏聚力和内摩擦角,在图 5-7 受力分析中,将地下水位上、下土体参数分别进行计算。

本书根据 z_c 和 z_w 对安全系数进行分段研究。由于主机自重较大，z_c 往往较小，小于地下水位 z_w，因此所分区段为：$0\sim z_c$，$z_c\sim z_w$ 和 $z_w\sim H$。其中，$0\sim z_c$ 范围，为槽壁自稳区间，不能采用上述公式计算；$z_c\sim z_w$ 范围，不应考虑地下水位对该段安全系数的影响，应将式(5-24)中的 z_w 等于计算深度计算，选择参数应与 $z_w\sim H$ 范围区别；$z_w\sim H$ 范围，采用式(5-25)计算。

5.2.2　考虑泥浆屈服强度的槽壁安全系数

根据 TRD 工法三步施工法特点，在切削搅拌过程中，通过 TRD 施工设备内部管道，注入切割液和水泥浆液，并将其与原位土体混合，形成水泥土。所形成的水泥土具有一定的屈服强度，在水泥固化前，其屈服强度由水泥土含水率和地层中黏土含量决定。

混合泥浆抗力是维持槽壁稳定的主要外力，现有计算中，仅考虑其重度对槽壁稳定性的影响，然而，在 TRD 施工过程中，原位土体与膨润土浆液和水泥浆液搅拌后形成的混合泥浆，其屈服强度比普通膨润土浆液的大很多。因此，在研究 TRD 槽壁稳定性时，需研究泥浆屈服强度对安全系数的影响。

取混合泥浆微小单元体作为研究对象，受力分析如图 5-8 所示。

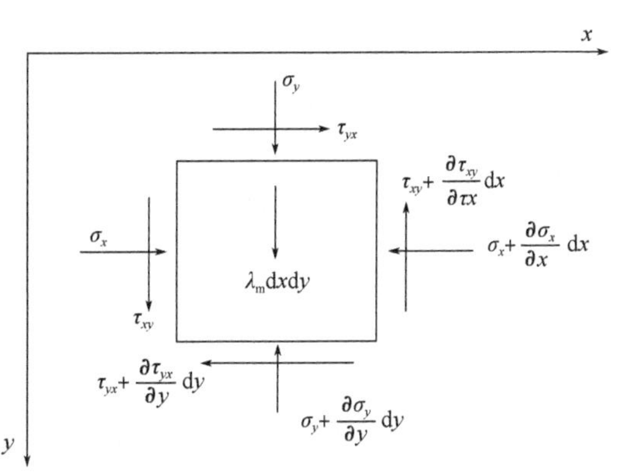

图 5-8　泥浆单元体受力分析

应力平衡方程：

$$\begin{cases}\dfrac{\partial\sigma_x}{\partial x}+\dfrac{\partial\tau_{xy}}{\partial y}=0\\ \dfrac{\partial\sigma_x}{\partial y}+\dfrac{\partial\tau_{yx}}{\partial x}-\gamma_m=0\\ \tau_{xy}=\tau_{yx}\end{cases}\tag{5-26}$$

当微小单元体满足屈服条件时，将发生塑性流动。

$$(\sigma_x-\sigma_y)^2+4\tau_{xy}=4\tau_m^2\tag{5-27}$$

对于槽宽为 $2B$ 的 TRD 墙，泥浆水平应力为：

$$\sigma_x=\gamma_m y+\left(\frac{\pi}{2}+\frac{y}{B}\right)\tau_m\tag{5-28}$$

则，水平抗力为：

$$P_m=\int_0^H\sigma_x dy=\frac{1}{2}\gamma_m H^2+\frac{\tau_m}{2B}H^2+\frac{1}{2}\pi\tau_m H\tag{5-29}$$

式中：γ_m——混合泥浆重度（N/m^3）；

τ_m——泥浆极限屈服强度（N/m^2）。

由上式可知，τ_m 为槽壁提供了一部分的水平支撑力。

将式(5-29)代入式(5-21)，得到考虑混合泥浆极限屈服强度 Ω_m 的公式：

$$\Omega_{\mathrm{m}}=\frac{1}{2}\left(\gamma_{\mathrm{m}}H^{2}+2\frac{\tau_{\mathrm{m}}}{B}H^{2}+\tau_{\mathrm{m}}\pi H-\gamma_{\mathrm{fc}}H_{\mathrm{fc}}^{2}\right) \tag{5-30}$$

当 $\tau_{\mathrm{m}}=0$ 时,即不考虑泥浆的极限屈服强度,此时,由泥浆重度提供抗力。将式(5-30)分别代入式(5-13)、式(5-14)、式(5-15)和式(5-16),即获得了考虑泥浆屈服强度影响下的槽壁安全系数计算公式。

$$A_{\mathrm{m}}=\frac{\Psi-\Lambda\tan\phi'}{\Gamma-\Omega_{\mathrm{m}}} \tag{5-31}$$

$$B_{\mathrm{m}}=\frac{\Gamma\tan\phi'}{\Gamma-\Omega_{\mathrm{m}}} \tag{5-32}$$

$$C_{\mathrm{m}}=\frac{\Omega\tan\phi'}{\Gamma-\Omega_{\mathrm{m}}} \tag{5-33}$$

$$D_{\mathrm{m}}=\frac{\Phi}{L(\Gamma-\Omega_{\mathrm{m}})} \tag{5-34}$$

则式(5-22)和式(5-23),分别变化为:

$$F_{\mathrm{m}}=A_{\mathrm{m}}\sec\theta_{\mathrm{cr}}\csc\theta_{\mathrm{cr}}+B_{\mathrm{m}}\cot\theta_{\mathrm{cr}}+C_{\mathrm{m}}\tan\theta_{\mathrm{cr}}+D_{\mathrm{m}}\csc\theta_{\mathrm{cr}} \tag{5-35}$$

$$\cos^{3}\theta_{\mathrm{cr}}+\frac{2A_{\mathrm{m}}+B_{\mathrm{m}}+C_{\mathrm{m}}}{D_{\mathrm{m}}}\cos^{2}\theta_{\mathrm{cr}}-\frac{A_{\mathrm{m}}+C_{\mathrm{m}}}{D_{\mathrm{m}}}=0 \tag{5-36}$$

式中: F_{m}——TRD 槽壁最小安全系数;

A_{m}、B_{m}、C_{m}、D_{m}——计算参数。

如图 5-9 所示,屈服强度只有在发生相对运动时才会产生,因此,在不考虑其他影响因素条件下,只有槽壁发生失稳位移,泥浆屈服强度才能发挥作用。泥浆屈服强度作用区间为 0 ~ H_2,其中,0 ~ H_1 为槽壁非稳定区域,泥浆屈服强度完全发挥作用;H_1 ~ H_2 区间因深度增加,泥浆重度所起到的支撑作用越来越大,槽壁稳定,泥浆屈服强度逐渐消散,直至泥浆重度完全支撑槽壁。因此泥浆屈服强度在槽壁非稳定区域发挥作用,为 TRD 施工中槽壁的稳定性提供了一定的帮助。

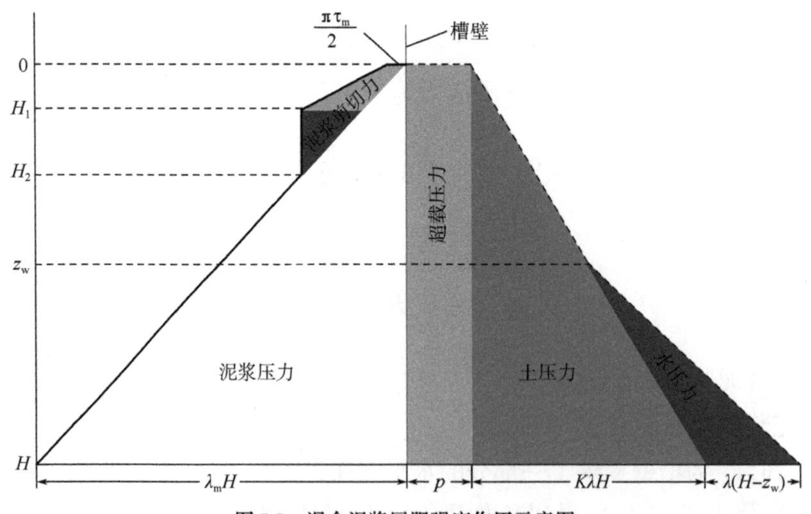

图 5-9 混合泥浆屈服强度作用示意图

5.2.3 考虑上覆荷载的槽壁安全系数

如图5-10所示,TRD槽壁上覆荷载主要为TRD施工设备主机自重。TRD施工设备主机由两条平行于墙体的履带负载,重量通过土体传递给槽壁,影响槽壁稳定性,且影响程度与至槽壁的距离密切相关。

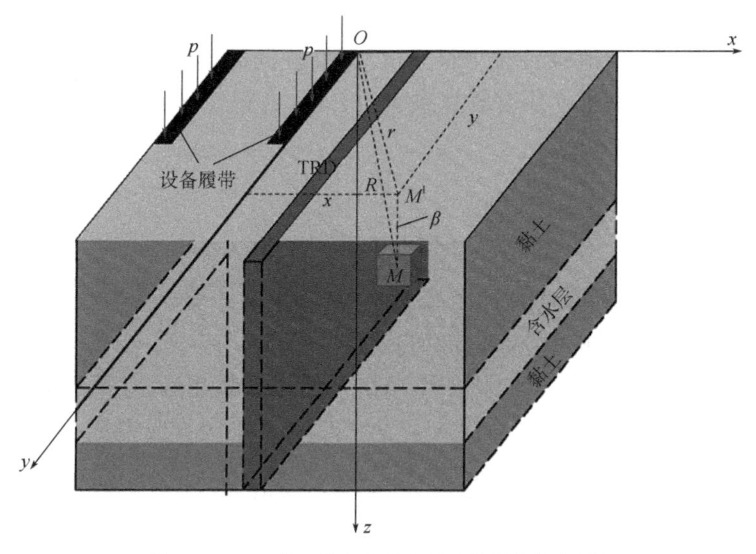

图5-10 TRD施工设备主机自重对槽壁影响示意图

链条宽度为0.8m,长8.5m,长宽比大于10,因此,可将其假设为两条平行线荷载。根据弗拉曼解,荷载传递至任意位置处的计算公式如下:

$$\sigma_z = \frac{2pz^3}{\pi\ (x^2 + z^2)^2} \tag{5-37}$$

$$\sigma_x = \frac{2\bar{p}xz^2}{\pi\ (x^2 + z^2)^2} \tag{5-38}$$

式中:σ_z——任意深度槽壁的垂直荷载(kPa);

σ_x——任意深度槽壁的水平荷载(kPa);

p——上覆荷载(N/m);

x——至槽壁水平距离(m);

z——槽壁深度(m)。

根据应力叠加原理,任意深度槽壁所受施工设备主机自重荷载为:

$$q_z = \sigma_{z1} + \sigma_{z2} = \frac{2px_1z^2}{\pi\ (x_1^2 + z^2)^2} + \frac{2px_2z^2}{\pi\ (x_2^2 + z^2)^2} \tag{5-39}$$

同理,垂直荷载引起的槽壁水平荷载为:

$$q_x = \sigma_{x1} + \sigma_{x2} = \frac{2\bar{p}x_1z^2}{\pi\ (x_1^2 + z^2)^2} + \frac{2\bar{p}x_2z^2}{\pi\ (x_2^2 + z^2)^2} \tag{5-40}$$

分别将式(5-39)和式(5-40),代入式(5-4)和式(5-5),按安全系数计算公式推导,即获得了 TRD 施工设备主机自重影响下的槽壁安全系数。

当槽壁土体的强度较大时,地面超载对槽壁稳定性影响较小,槽壁能够稳定,在地表平整度允许条件下,设备可直接在槽壁一侧施工。当槽壁土体强度较小时,无法满足安全系数验算,可在地面铺设钢板,有效分散履带的集中荷载,尤其是近设备的槽壁侧,同时提高地面平整度,进一步提高施工质量。

铺设钢板后的槽壁上覆荷载转化为长方形荷载,法国数学家 Boussinesq 用弹性理论推出了在半无限空间弹性体表面上作用有竖直集中力 P 时,在弹性体内任意点 M 所引起的应力解析解,其中竖直法向正应力 σ_z:

$$\sigma_z = \frac{3Pz^3}{2\pi R^5} = \frac{3P}{2\pi R^2}\cos^3\beta \tag{5-41}$$

式中:R——任意点 M 至坐标原点 O 的距离,$R = \sqrt{x^2 + y^2 + z^2} = \sqrt{r^2 + z^2}$;

β——直角三角形 $OM'M$ 中$\overrightarrow{OM}$和$\overrightarrow{MM'}$的夹角。

由于平面的对称性,当深度固定,则四个角点下的应力都相同,在荷载截面内取任意微分面积 $\mathrm{d}A = \mathrm{d}x\mathrm{d}y$,该处荷载为 $\mathrm{d}P = p\mathrm{d}A$,代入上述公式,角点下竖直应力是:

$$\sigma_z = \frac{3p}{2\pi}\frac{z^3}{(x^2 + y^2 + z^2)^{\frac{5}{2}}}\mathrm{d}x\mathrm{d}y \tag{5-42}$$

沿矩形 $ABCD$ 积分,得:

$$\begin{aligned}\sigma_z &= \int_0^l\int_0^b \frac{3p}{2\pi}\frac{z^3}{(x^2 + y^2 + z^2)^{\frac{5}{2}}}\mathrm{d}x\mathrm{d}y \\ &= \frac{p}{2\pi}\left[\arctan\frac{m}{n\sqrt{1 + m^2 + n^2}} + \frac{mn}{\sqrt{1 + m^2 + n^2}}\left(\frac{1}{m^2 + n^2} + \frac{1}{1 + n^2}\right)\right]\end{aligned} \tag{5-43}$$

式中,$m = \frac{l}{b}$,$n = \frac{z}{b}$。

槽壁所受荷载可根据角点法获得:

$$\sigma_{\mathrm{zG}} = \sigma_{\mathrm{zGBCE}} - \sigma_{\mathrm{zGADE}} \tag{5-44}$$

$$\sigma_{\mathrm{zF}} = \sigma_{\mathrm{zFIBG}} - \sigma_{\mathrm{zFKAG}} + \sigma_{\mathrm{zFICE}} - \sigma_{\mathrm{zFKDE}} \tag{5-45}$$

由对称性可知:

$$\sigma_{\mathrm{zG}} = \sigma_{\mathrm{zE}} \tag{5-46}$$

其中,主机中点 F 处,所传递的荷载最大,因此,该中点处所对应的安全系数最小。

分别将式(5-44)、式(5-45)和式(5-46),代入式(5-23),按安全系数计算公式推导,即获得了铺设钢板后,各角点处的槽壁安全系数计算公式。

通过上述计算可知,槽壁上覆荷载大小和荷载至槽壁距离共同决定了荷载对槽壁安全系数的影响大小,因此,应考虑该距离对槽壁安全系数的影响。下面通过算例研究地下水、泥浆性能、荷载大小和距离对槽壁稳定性的影响。

5.2.4 算例

在TRD施工过程中，混合泥浆性能和施工设备主机自重引发的超载现象是影响槽壁稳定的关键因素。为研究泥浆性能和上覆荷载对安全系数计算的影响，根据工程实际情况，对各常规土体参数赋值如下：$c_1' = 10\text{kN/m}^2$，$c_2' = 0\text{kN/m}^2$，$H = 30\text{m}$，$H_{fc} = 0\text{m}$，$z_w = 4\text{m}$，$K = 0.47$，$\gamma = 18\text{kN/m}^3$，$\gamma' = 14.2\text{kN/m}^3$，$\gamma_c = 18\text{kN/m}^3$，$\gamma_{fc} = 0\text{kN/m}^3$，$\gamma_{sat} = 24\text{kN/m}^3$，$\gamma_w = 9.8\text{kN/m}^3$。

依据型号和处理能力不同，主机自重在90～120t之间，切割箱依据宽度不同，重量为700～950kg/m，因此，处理深度越深，TRD施工设备自重越大，超载现象越严重，对槽壁稳定性影响越大。

(1)地下水对安全系数影响

如图5-11所示，有无地下水将影响槽壁安全系数，在浅层区域，地下水位减小了地层黏聚力，降低了安全系数，不利于槽壁稳定；随着深度的增加，泥浆重度和屈服强度的增加，槽壁内泥浆侧向支撑力增加，地下水对安全系数的影响逐渐减弱。

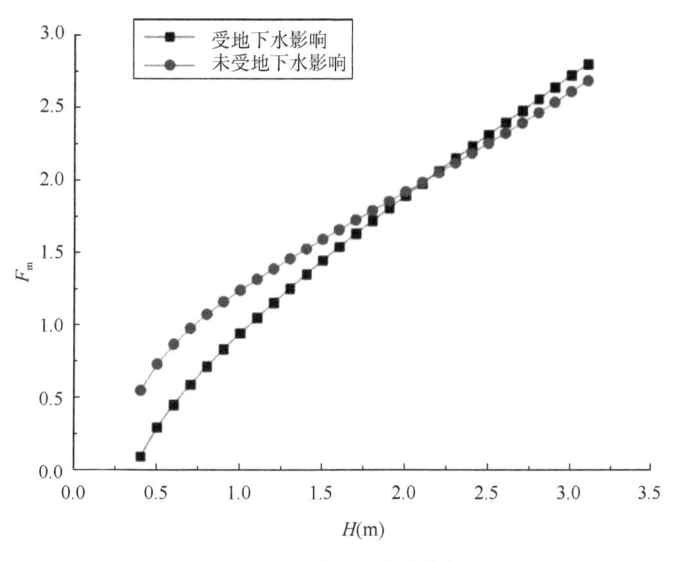

图5-11 地下水对安全系数影响

(2)泥浆性能对安全系数影响

主机由两条履带支撑，单条履带宽0.8～0.85m，长9～11m，处理深度30m，确定上覆荷载$q = q_r = 100\text{kN/m}^2$，且假设该荷载为由槽壁向无限远的均匀荷载。根据履带长度，确定超载区域的槽长$L = 10\text{m}$。

在TRD施工过程中，槽内泥浆为槽壁稳定提供主要支撑力，因此泥浆性能将影响槽壁安全系数。重度和屈服度是泥浆主要性能参数，为分别研究其对安全系数的影响，选取重度为11kN/m³、15kN/m³、20kN/m³和24kN/m³工况条件，极限屈服强度分别选取0、300Pa和600Pa工况，其中11kN/m³为普通膨润土浆液重度，混合泥浆的重度为24kN/m³，混合泥浆的极限剪切强度达到600Pa。

将以上参数带入式(5-35)，获得不同深度的槽壁安全系数，如图5-12所示。

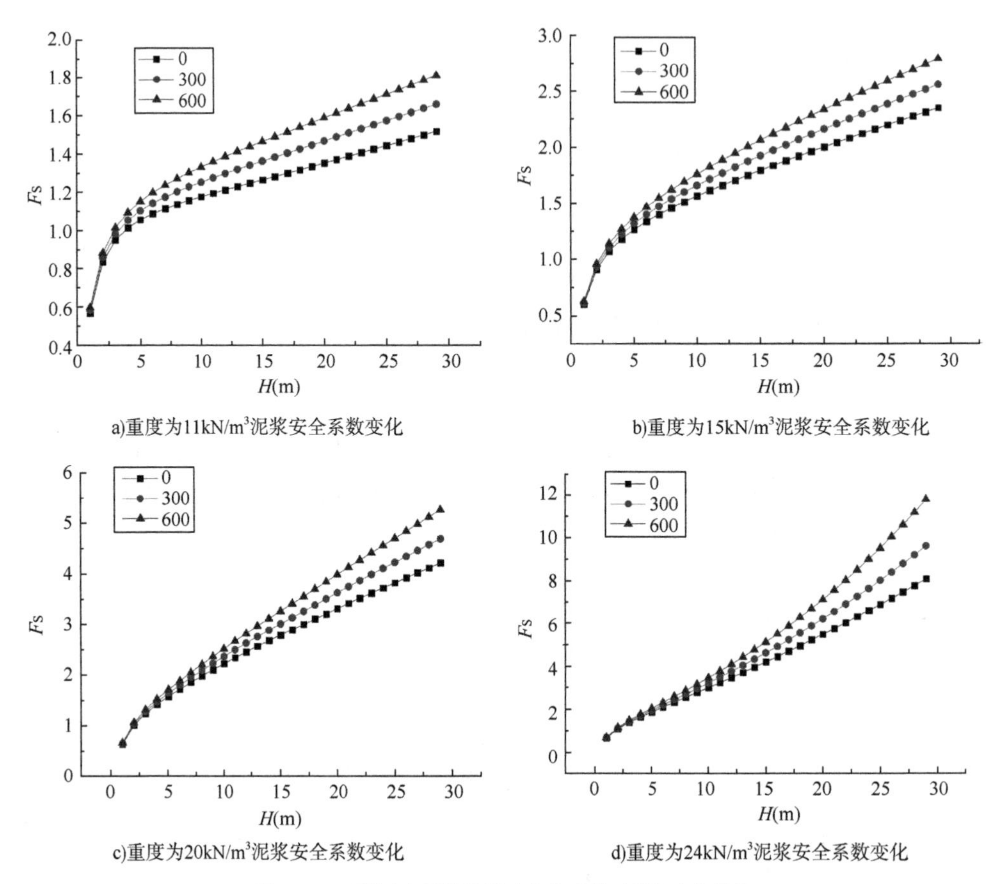

a)重度为11kN/m³泥浆安全系数变化

b)重度为15kN/m³泥浆安全系数变化

c)重度为20kN/m³泥浆安全系数变化

d)重度为24kN/m³泥浆安全系数变化

图5-12　不同重度泥浆的槽壁安全系数随槽深变化曲线

槽壁安全系数随深度、泥浆重度和屈服强度的增加而增大,极浅层安全系数小于最小安全系数,易发生浅层槽壁破坏,这与工程实际相符。原位地层被切削搅拌,并注入了水泥浆液和膨润土浆液,混合后的泥浆重度大于原地层重度,且存在主动土压力系数,随着深度的增加,槽内泥浆压力将大于槽壁水土压力,因此,深部安全系数远大于最小安全系数,较难发生破坏。

泥浆屈服强度能够提高槽壁安全系数,增加槽壁稳定性,然而对安全系数的影响小于泥浆压力产生的影响。由上述计算可知,浅层易发生失稳现象,槽壁存在相对移动的趋势,泥浆屈服强度的作用范围为浅层区域,深层区域,槽壁安全系数远大于1.2,不存在失稳现象,泥浆屈服强度不发挥作用,因此,应分段对槽壁安全系数进行研究和计算。

如图5-13所示,为考虑泥浆屈服强度的安全系数随深度变化曲线示意图,$0 \sim H_1$ 为泥浆屈服强度完全工作区域,此时,槽壁不稳定,存在失稳危险;槽深 H_1 至 H_2 处,安全系数不变,此时深度增加,由泥浆重度和屈服强度提供水平抗力,泥浆屈服强度逐渐减小,逐步由泥浆压力提供水平抗力。当槽深大于 H_2,泥浆屈服强度不再产生作用,安全系数曲线变为无屈服强度泥浆的曲线。

因此,槽壁稳定时,不产生破裂体,槽内泥浆无移动倾向,泥浆屈服强度不发挥支撑作用。槽壁非稳定区域,槽壁向槽内移动,泥浆屈服强度完全发挥作用。在槽内某一深度处,当各种应力刚达到平衡时,槽壁开始进入稳定区域,此时安全系数 F_{m_0} 即为最小安全系数。

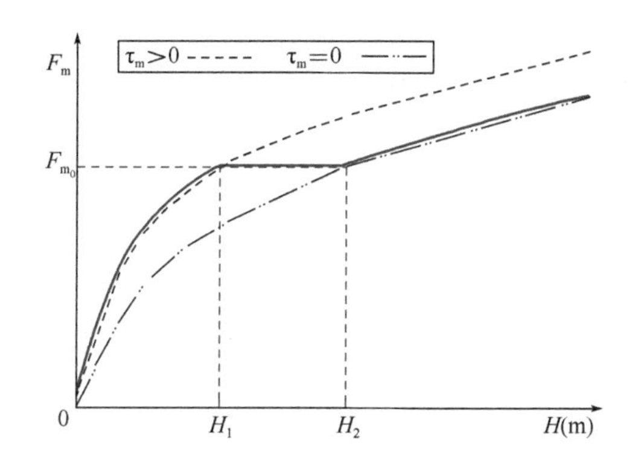

图 5-13 槽壁安全系数受泥浆屈服强度消散变化示意图

(3)荷载大小对安全系数影响

通过上述计算,深部槽壁稳定性较高,因此研究 3m 以内的槽壁安全系数。由图 5-14 可知,槽壁内同一深度的安全系数随上覆荷载增加而变小,同一荷载条件下,安全系数随深度的增加而增大,同时,荷载对浅层安全系数的影响大于对深层的影响。铺设钢板,可大幅度增加 TRD 施工设备主机接触面积,降低地表荷载,提高安全系数。槽壁 0～1m 深的稳定性较差,施工过程中,很难满足荷载要求,可通过开挖导向槽,提前加固槽壁,提高该区域的稳定性。

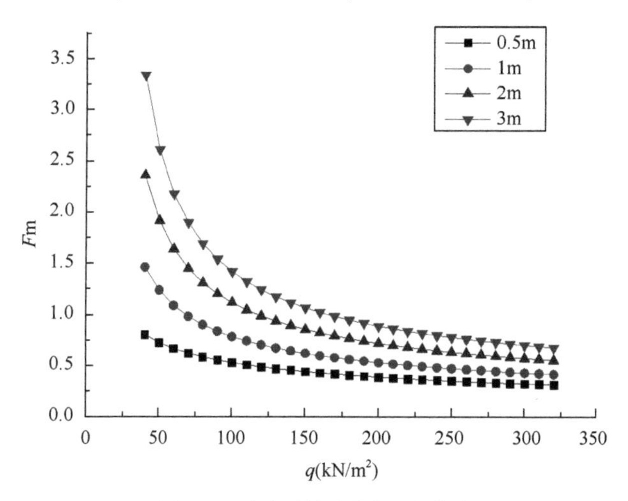

图 5-14 安全系数随荷载变化曲线

(4)荷载距离对安全系数影响

h 为破裂面与地表交线和槽壁在地表的垂直距离,为槽壁荷载最小安全距离。由三角函数关系,可知:

$$\begin{cases} h = H\cot\theta_{cr} & (z_c < 0) \\ h = (H - z_c)\cot\theta_{cr} & (z_c \geqslant 0) \end{cases} \tag{5-47}$$

在安全系数计算中,槽深与安全系数为一一对应关系,且随深度的增加而增大,安全系数小于 1.2,即认为槽壁失稳破坏。当 $Fm = 1.2$ 时,为破裂极限状态,由式(5-47)可计算该深度所对应的 h,此时,h 为该荷载条件下地面最大破坏范围。因此,可通过减小上覆荷载或移动荷载范围,提高浅层安全系数,保证浅层槽壁稳定。同时,需保证荷载加载处,所对应的槽壁安全

系数 $Fm \geqslant 1.2$,即可保证整个槽壁稳定。

施工过程中,TRD 施工设备主机履带距离槽壁的垂直距离为 1.2m,h 范围控制在 0 ~ 1.2m之间。即 TRD 施工设备主机所移动范围在地面最大破裂范围以外,可保证槽壁稳定。当破裂范围大于 1.2m 时,可通过履带下铺设钢板,减小上覆荷载,减小最大破裂范围,满足安全要求。

图 5-15 为不同深度 q-F_m-h 曲线。如图 5-15a)所示,当上覆荷载大于 36kN 时,深度为 0.5m槽壁,安全系数全部小于 1.2,地面将产生的破裂范围为 0.2 ~ 0.35m;图 5-15d)中,$q = q_r = 100\text{kN/m}^2$,安全系数大于 1.2,此时,对应地面破裂范围为 1.83m,不满足最大破裂范围要求,此时,应调整荷载与槽壁之间距离;上覆荷载减少至 $q = q_r = 50\text{kN/m}^2$,由图 5-15b)可知,上覆荷载边缘所对应的安全系数大于 1.2,对应地面破裂范围为 0.63m,即铺设钢板距离槽壁大于 0.63m,安全系数即可满设计规范要求。

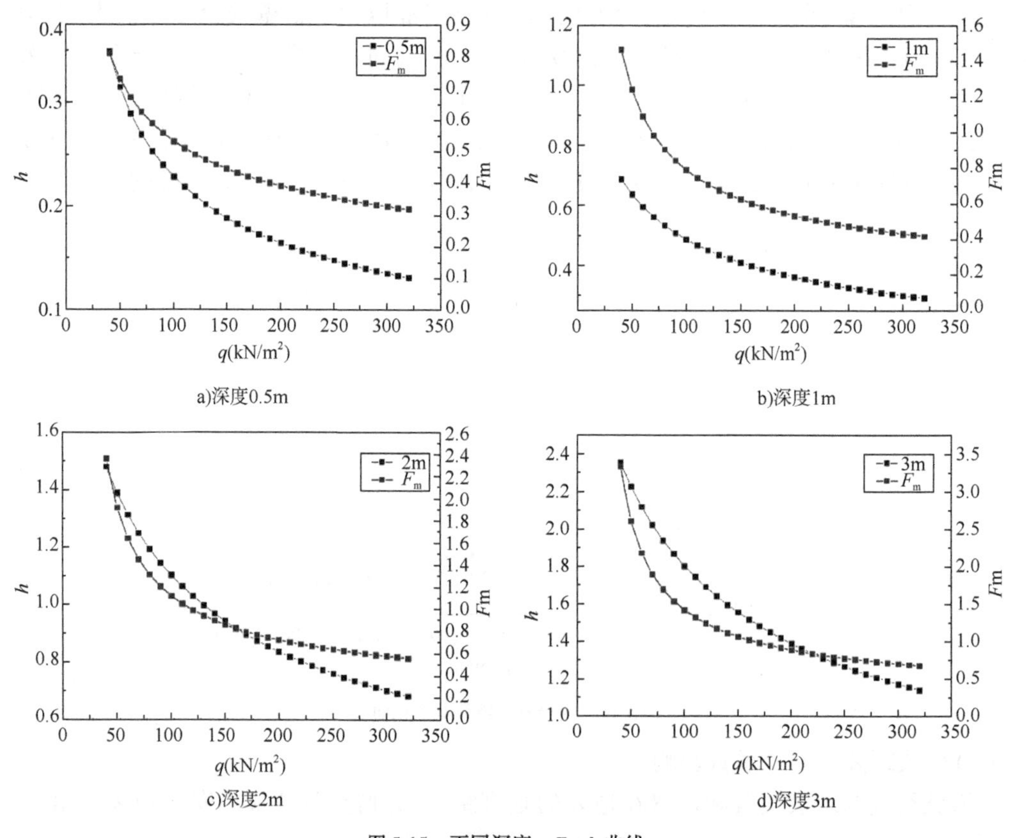

图 5-15　不同深度 q-Fm-h 曲线

综上所述,上覆荷载越大,距离槽壁越近,安全系数越小,越容易发生整体破坏。应通过铺设钢板,增加机械设备接触面积,减小上覆荷载,调整铺设钢板距槽壁距离,增加浅层安全系数,降低槽壁破坏风险。

如图 5-16 所示,为等厚水泥土连续墙 H-F_m-h 的曲线,F_{m_0} 为满足设计要求的最小安全系数,其上覆荷载加载范围应满足 $h \geqslant h_0$,才能保证槽壁 0 ~ H_1 安全,槽壁 H_1 ~ H_2 为泥浆屈服强度消散区域,红线为该荷载条件下的 H-Fm 曲线。

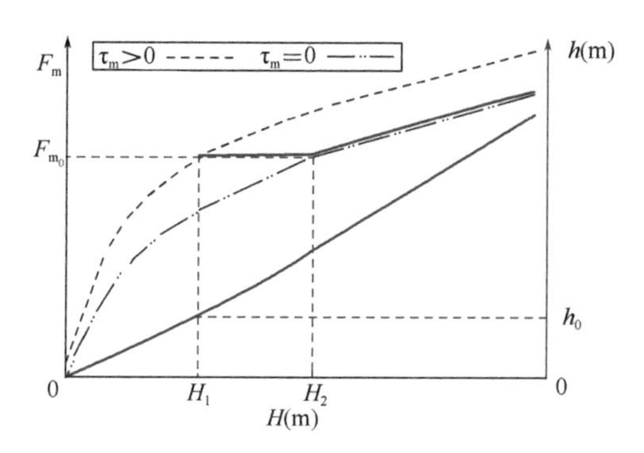

图5-16　等厚水泥土连续墙 H-Fm-h 曲线

5.3　基底稳定性

基底稳定主要包括抗隆起和抗涌砂稳定。H 型钢起主要支挡作用,因此,基底抗隆起稳定性决定了 H 型钢的插入深度,水泥土墙体起止水作用,基底抗涌砂稳定性决定了水泥土墙体的深度。因水泥土墙体和 H 型钢为两个过程,当两个深度差别较大时,可分别按要求确定各自深度,可有效降低施工成本,节约施工材料。

5.3.1　基底隆起

所谓隆起是伴随开挖周围地层的土体向开挖侧迂回,致使基坑底面上升的现象。通常,软黏性土层容易发生这种现象。根据《基坑工程手册》,是否会发生隆起的判断标准可由式(5-48)或者式(5-49)判定。

(1)自立挡墙的形式

自立挡墙计算模型如图5-17所示。

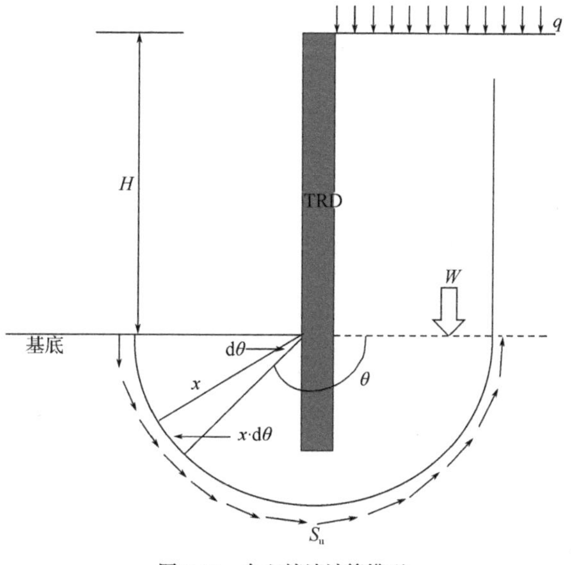

图5-17　自立挡墙计算模型

$$F = \frac{M_r}{M_d} = \frac{x\int_0^{\pi} S_u x \mathrm{d}\theta}{W\frac{x}{2}} \geqslant 1.5 \tag{5-48}$$

式中：F——隆起安全系数；

M_r——单位宽度地面滑动的剪切抗拒(kN·m)；

M_d——单位宽度背面土块等决定的滑矩(kN·m)；

S_u——地层的非排水屈服强度(kN/m^2)；

x——滑动圆弧半径(m)；

W——单位宽度的滑动力(kN)，$W = x(\gamma_t H + q)$；

H——基坑开挖深度(m)；

γ_t——土的湿重度(kN/m^3)；

q——地表上覆荷载(kN/m^2)。

(2)有水平支撑情形

$$F = \frac{M_r}{M_d} = \frac{x\int_0^{\frac{\pi}{2}+\alpha} S_u x \mathrm{d}\theta}{W\frac{x}{2}} \geqslant 1.2 \tag{5-49}$$

式中：α——最下面一道水平支撑中心到开挖面间的滑动圆弧半径与挡墙间的夹角(rad)，但 $\alpha < \frac{\pi}{2}$。

隆起安全系数满足要求时，基底不会隆起，即安全稳定。针对 TRD 墙桩一体的支护体系，该安全系数决定钢的插入深度，存在水平支撑计算模型如图 5-18 所示。

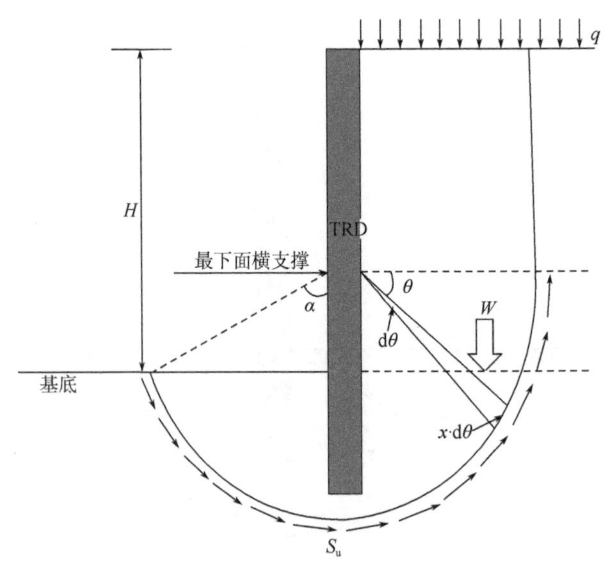

图 5-18　存在水平支撑计算模型

5.3.2 基底抗涌砂稳定

所谓涌砂现象是渗水系数较大的砂地层中的止水挡墙对应的基坑开挖时，由于伴随开挖挡墙内外水位差致使基底的砂地层向上涌动，像砂沸腾一样地层被破坏的现象，如图 5-19 所示。

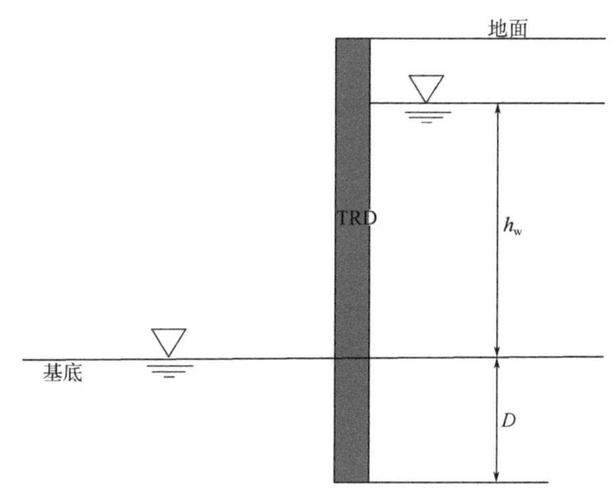

图 5-19 抗涌砂安全系数计算

涌砂的安全性讨论可用下式计算(Terzaghi 法)：

$$F=\frac{2\gamma' D}{\gamma_w h_w}\geqslant 1.2 \tag{5-50}$$

式中：F——抗涌砂安全系数；

γ'——土的浮重度(kN/m^3)；

D——基底至 TRD 底面垂直距离(m)；

γ_w——水的重度(kN/m^3)；

h_w——TRD 两侧的水位差(m)。

基底的抗涌砂安全系数计算，决定了 TRD 的入土深度，根据第 3 章数值模拟计算的结果，入土深度越大，基坑涌水量越小，抗涌砂安全系数越大，基坑越安全。

除上述稳定性计算外，TRD 作为基坑的初期支护，应满足基坑整体稳定性、抗滑移稳定性的相关安全规定，确保施工安全且经济合理。

5.4 开挖稳定性仿真分析

拟建工程为青岛地铁 1 号线南岭路站，车站长 283.4m，基坑宽度 20.1m，标准段开挖深度 17.5m。车站两端均为盾构始发，宽度分别为 24m、28m。南岭路站采用直径 1.0m 的钻孔灌注桩作为挡土支护结构，标准段钻孔桩中心间距 1.4m，桩插入深度为 7.5 ~ 8.0m，插入比为 0.47 ~ 0.46。因基底岩土层分界线起伏较大，插入土层大部分为粗砾砂、强风化安山岩及块状破碎安山岩。主体围护桩桩底持力层为强风化安山岩，地基承载力 700kPa。

止水帷幕为 TRD 工法水泥土搅拌墙,墙厚 0.85m,沿钻孔灌注桩外侧设置。基坑的内支撑体系自上而下为:一道混凝土支撑、两道钢支撑。

5.4.1 开挖模型建立及参数选取

(1)基坑模型设计

本章拟建基坑平面近似为长方形,围护结构和周边土体的受力变形特征是对称分布的,考虑到 FLAC3D 模拟基坑开挖的边界条件一般控制 X 和 Y 方向的位移,本次建模范围为基坑正中间一根混凝土支撑的影响范围。根据工程经验,本次建模考虑对于周边土体的影响宽度 70m,为 4 倍开挖深度,影响深度 35m,为 2 倍开挖深度。本次基坑模型宽度为 11m、长度为 164m、高度为 35m,共生成节点 367425 个、实体单元体 351120 个,如图 5-20 所示。

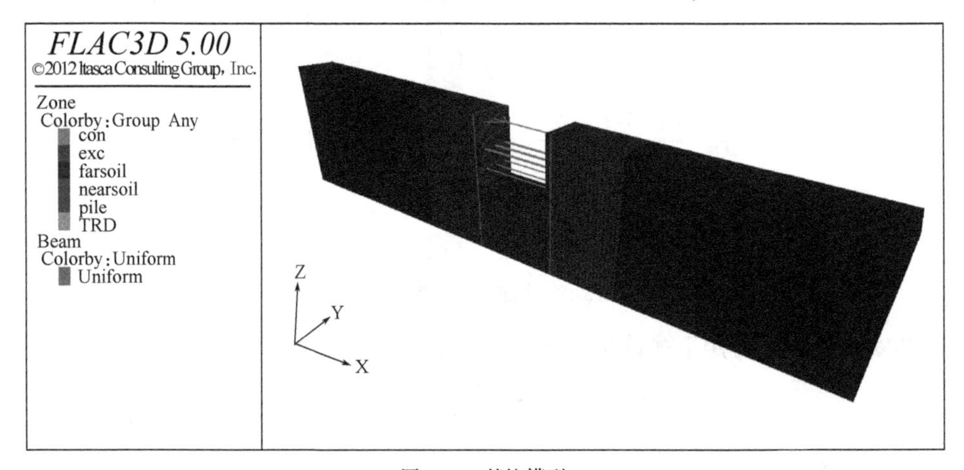

图 5-20 基坑模型

(2)材料模型及参数

研究中土体的变形研究选择莫尔-库仑模型(Mohr-Coulomb 模型),各地层相关物理力学参数见表 5-4。

土层物理力学参数 表 5-4

土层类型	层厚(m)	重度(kN/m^3)	黏聚力(kPa)	内摩擦角(°)	体积模量(MPa)	切变模量(MPa)
素填土	1.7	18.0	10.0	10.0	4.53	2.72
粉质黏土	4.5	19.6	24.34	12.05	24.9	8.29
含卵石粗砾砂	3.6	20.6	1.00	38.00	29.56	13.78
黏土	0.7	19.8	25.8	13.65	10.11	3.37
粗砾砂	3.1	20.5	1.00	38.00	32.75	15.12
黏土	3.1	19.5	55.4	18.60	12.00	4.62
粗砾砂	4.0	20.5	1.00	38.00	33.92	15.65
含碎石粗砾砂	1.3	20.6	1.00	38.00	38.94	29.21
黏土	1.7	19.7	33.5	15.10	12.00	4.62
强风化安山岩	2.2	22.5	65.0	30.00	79.37	38.76

模型结构单元主要包括钻孔灌注桩、支撑(包括混凝土支撑和钢支撑)和混凝土面层三部分组成。

由于钻孔灌注桩作为一种混凝土结构,其在基坑开挖过程中的受力变形特征与地下连续墙类似,钻孔桩顶部会加做冠梁加强混凝土结构的整体性,所以在计算中将钻孔灌注桩等效成地下连续墙考虑,本工程钻孔桩直径1.0m,按抗弯刚度等效成地下连续墙计算公式如下:

$$\frac{1}{12}\times 1200\times h^{3}=\frac{1}{64}\times \pi\times 1000^{4} \tag{5-51}$$

等效后的地下连续墙厚度为789mm,钻孔灌注桩其他计算参数见表5-5。

钻孔灌注桩计算参数　　表5-5

名称	密度(kg/m^3)	弹性模量(GPa)	泊松比
钻孔灌注桩	2500	30	0.2

(3)支撑

基坑沿竖向设置三道支撑,支撑具体信息见表5-6和如图5-21所示。

支撑布置参数　　表5-6

编号	名称	尺寸	间距
1	混凝土支撑	800mm×800mm	11.1m
2	双拼钢支撑	ϕ609mm	3.7m
3	钢支撑	ϕ609mm	3.7m

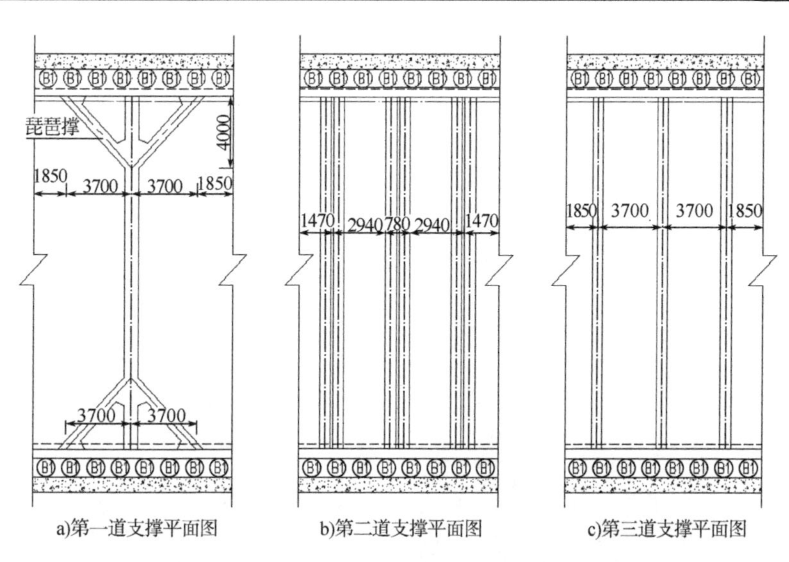

图5-21　基坑围护结构平面布置示意图(尺寸单位:mm)

在FLAC3D模型中,混凝土支撑和钢支撑都选取梁单元,模拟计算所需要的参数主要有弹性模量E、泊松比、截面面积A和惯性矩I等参数,计算参数见表5-7。

支撑计算参数

表 5-7

名称	弹性模量（GPa）	泊松比	截面面积（m^2）	惯性矩 XCI^y（m^4）	惯性矩 XCI^z（m^4）	极惯性矩 XCJ（m^4）
混凝土支撑	32	0.167	0.64	0.0341	0.0341	0
钢支撑	200	0.3	0.0298	0.0013	0.0013	0.0026

(4)混凝土面层

基坑开挖时要及时喷射混凝土作为初期支护，混凝土面层厚度 10cm，具体参数见表 5-8。

混凝土面层计算参数

表 5-8

层厚(m)	弹性模量(Pa)	泊松比	密度(kg/m^3)
0.1	1.05e10	0.2	2500

(5)TRD 搅拌墙参数

目前的 TRD 工法支护的数值模拟中，通常把水泥土的本构模型定为弹性模型，参数选取也以低强度混凝土作为参照。但是 TRD 工法搅拌墙实际为各土层与水泥形成的水泥土，强度一般较低，在不同地层中所形成的墙体各项物理力学参数会有差异，本章模拟基坑开挖时将搅拌墙的本构模型定为莫尔-库仑模型。FLAC3D 中莫尔-库仑模型的主要参数为体积模量 K、剪切模量 G、黏聚力 c、内摩擦角 φ 和密度 ρ 等，其中体积模量 K 和剪切模量 G 与弹性模量 E 和泊松比的关系可以下公式表达：

$$K = \frac{E}{3(1-2\mu)} \tag{5-52}$$

$$G = \frac{E}{2(1+\mu)} \tag{5-53}$$

南岭路站基坑地层从上至下主要是砂土层，为得到 TRD 工法在砂层中和黏土层中成墙墙体的各项参数，分别取原状砂与土，并按 TRD 工法设计参数制作水泥土试块，养护 28d 后分别测试相关参数。其中弹性模量 E 测试仪器为万能试验机，黏聚力 c 和内摩擦角 φ 测试仪器为直剪仪，测试仪器如图 5-22 所示，剪切破坏的水泥土如图 5-23 所示。

a)直剪仪

b)万能试验机

图 5-22　测试仪器

a)砂层中水泥土

b)黏土层中水泥土

图5-23　剪切破坏的水泥土试样

试验测试所得各项参数见表5-9。

TRD搅拌墙计算参数　表5-9

地层	体积模量(MPa)	剪切模量(MPa)	黏聚力(kPa)	内摩擦角(°)	密度(kg/m^3)
砂层	31.4	28.7	303	16.96	2280
黏土层	21.4	19.6	230	22.34	2150

5.4.2　基坑开挖支护过程模拟

(1)初始自重应力平衡

计算模型建立以后,需要定义它的初始条件。基坑开挖前,由于地层自重引起的应力情况称为初始应力条件,计算得到南岭路站地层初始应力如图5-24所示。

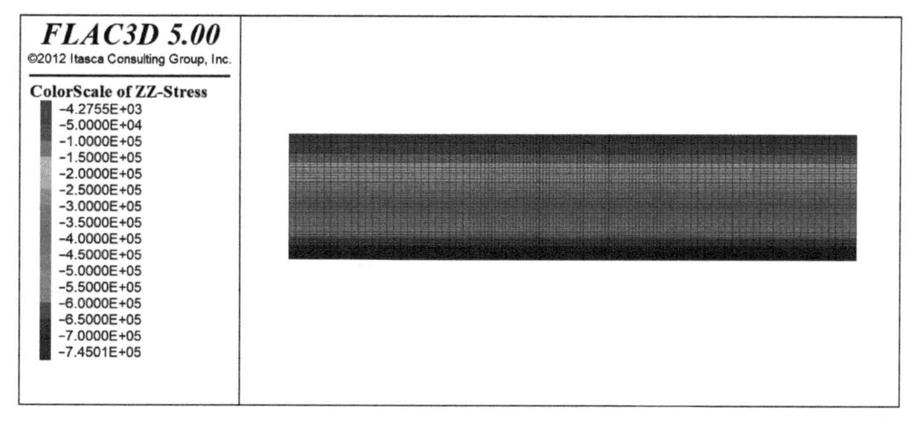

图5-24　初始自重应力云图

(2)基坑开挖计算工况

本基坑采用顺作法施工,现将施工工况划分如下:

工况一:由基坑顶部向下2.5m,加混凝土支撑;

工况二:沿工况一的开挖面继续向下开挖3.0m;

工况三:沿工况二的开挖面继续向下开挖3.5m,加双拼钢管撑;

工况四:沿工况三的开挖面继续向下开挖2.5m;

工况五:沿工况四的开挖面继续向下开挖2.5m,加最后一道支撑;

工况六:开挖至设计深度。

5.4.3 基坑开挖模拟结果与分析

深基坑的开挖过程实际是围护结构两侧应力场改变的过程,随着开挖逐渐向下进行,土体卸荷的位置不同造成土体应力场改变的大小和范围也不相同,围护结构的受力与变形情况也不相同,利用FLAC3D模拟基坑开挖过程中围护结构的受力变形特征和周边环境的变形情况,最终得到不同工况下围护结构的水平位移、基坑周边土体沉降和TRD搅拌墙剪应力等的变化规律。

(1)TRD搅拌墙水平位移模拟结果与分析

基坑开挖完成后,影响范围内土体和围护结构的水平位移云图如图5-25所示。云图表明围护结构的水平位移自地表向下先增加后减小,最大水平位移约为1.18cm,位于基坑的中下部,距离基坑底部大约$\frac{1}{3}H$处(H为基坑开挖深度),最大水平位移为基坑开挖深度的0.067%,符合基坑设计时对于围护结构最大水平位移≤0.15%H且不大于30mm的设计规定。围护结构产生的水平位移是由于基坑开挖改变了围护结构两侧的应力场,在应力场平衡的过程中基坑两侧土体向基坑内侧挤压所致,由云图可以看出距离基坑越远的地层受到开挖的影响越小。

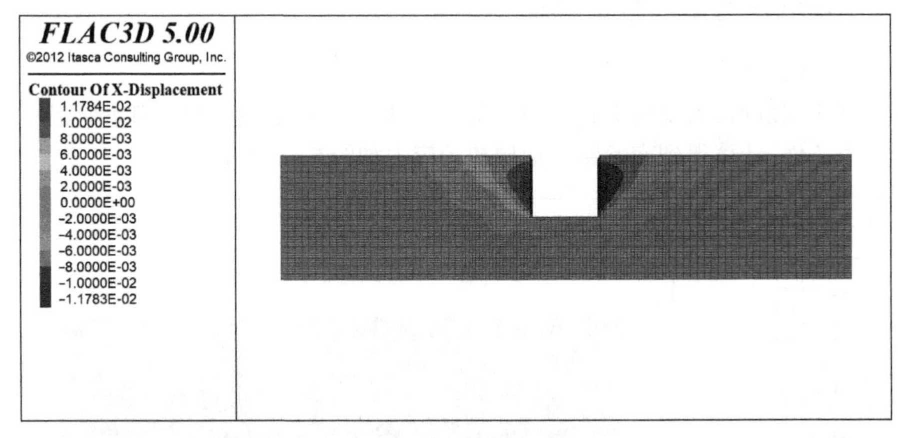

图5-25 水平位移云图

FALC3D模拟计算结果表明TRD搅拌墙和钻孔灌注桩的水平变形规律是一致的,这是由于基坑围护结构的设计中TRD搅拌墙作为止水帷幕是与钻孔灌注桩相邻设置的,基坑开挖时土压力通过TRD搅拌墙传递到钻孔灌注桩上,并由钻孔灌注桩和支撑共同承担。根据计算结果,将TRD搅拌墙随基坑开挖在不同工况下水平位移的变化规律在图上表示出来,如图5-26所示。

TRD搅拌墙的最大水平位移与水平位移范围都和开挖深度正相关,前两个工况下TRD搅拌墙的顶部水平位移最大,随着开挖工况的不断变化,TRD搅拌墙顶部的水平位移增加得越来越慢,最大水平位移越来越大,且最大水平位移出现的位置也伴随着开挖工况的变化而不断下移,当基坑开挖至设计深度后,TRD搅拌墙的水平位移值达到最大。搅拌墙的水平位移总体上呈现先增加后减小的变形规律。

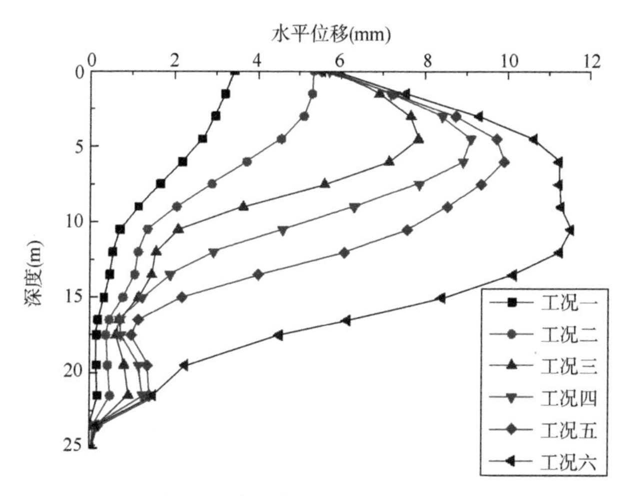

图5-26　水平位移与开挖深度关系图

由水平位移和开挖深度的关系曲线可以看出，加上第一道混凝土支撑后围护结构顶部的水平位移增长速率越来越慢。在基坑开挖结束时，第二道支撑附近的水平位移最大，由于第二道支撑为双拼钢支撑，布设较为密集，TRD搅拌墙的变形曲线中部明显变缓。这些变形趋势可以表明混凝土支撑和钢支撑能有效地限制基坑开挖时围护结构的变形。

(2)基坑周边地表沉降模拟结果与分析

基坑开挖改变了围护结构两侧的应力场，围护结构两侧土体应力重新分布，在应力场平衡的过程中基坑两侧土体向基坑内侧挤压运动，导致基坑周边土体沉降。FALC3D模拟基坑开挖造成基坑周边地表沉降结果如图5-27所示，表明基坑周边地表沉降随着距离基坑边缘的距离增加先增加后减小，最大沉降值约为4.0mm，距离基坑越远的土体受到基坑开挖的影响越小。

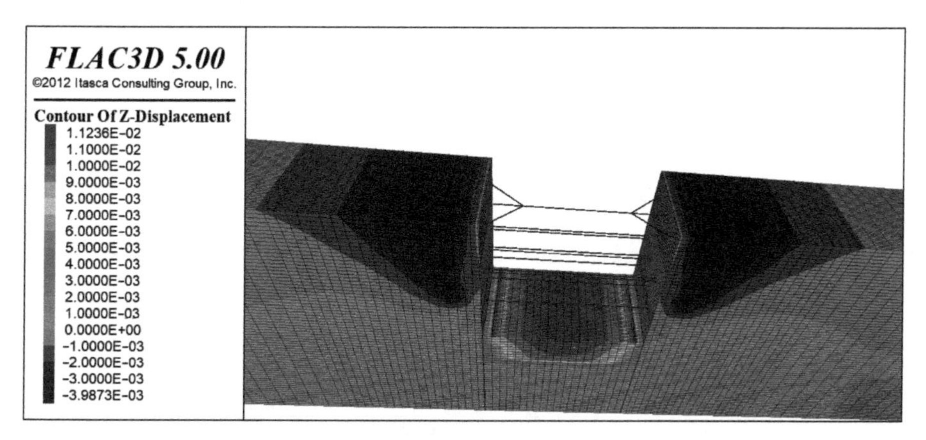

图5-27　沉降云图

根据计算结果，绘制出基坑周边地表土体在竖向随着基坑开挖深度增加的变化情况，如图5-28所示。

地表最大沉降值随着开挖工况的不断变化而逐渐增大，地表沉降在基坑开挖至设计深度时达到最大值。距离围护结构边缘较近的位置沉降量较小，随着距离围护结构越来越远，沉降量先增加后减小，呈现明显的“凹槽形”曲线。

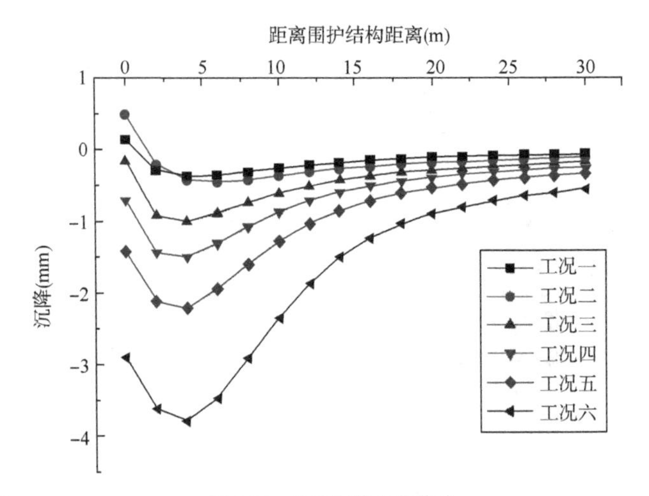

图 5-28 地表沉降变化曲线

基坑开挖深度与沉降影响范围正相关,基坑外侧距离围护结构 4m 处地表沉降最大,即距离基坑边缘 6m 的位置,同时距离围护结构 30m 的土体沉降量趋近于 0,这说明在围护结构的作用下,周边土体受到开挖的影响较小。

深基坑前两步开挖时围护结构边缘土体有抬升的现象,这是由于基坑开挖改变了围护结构两侧土体的应力平衡,基坑外侧的土体有向基坑内部挤压的运动趋势,由于围护结构的刚度较大,土体向基坑内运动的趋势受到限制,表现为围护结构边缘土体的抬升。

(3)TRD 搅拌墙剪应力模拟结果与分析

基坑开挖是土体应力重新分布和围护结构限制土体位移的动态平衡过程,基坑的每一步开挖和支撑的安装都会造成 TRD 搅拌墙墙身剪应力的变化。利用 FLAC3D 分步计算开挖工况,模拟各个工况下开挖对 TRD 搅拌墙墙身剪应力的影响,根据计算结果得到 TRD 搅拌墙墙身剪应力随着施工工况的变化情况,结果绘制如图 5-29 所示。

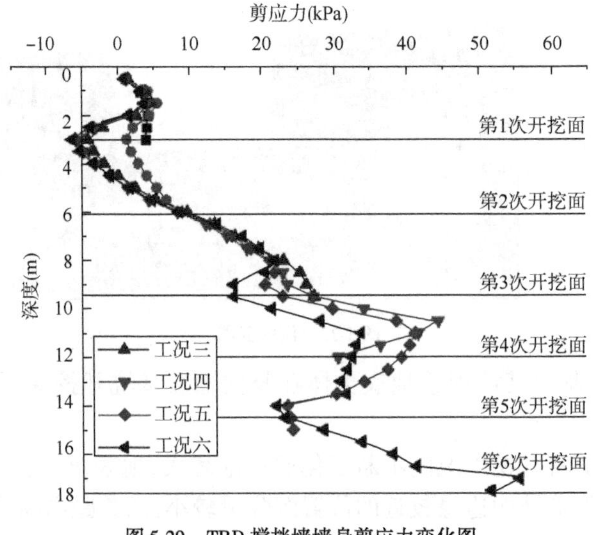

图 5-29 TRD 搅拌墙墙身剪应力变化图

同一工况下,TRD 搅拌墙的墙身剪应力随着深度的增加而增大,每步开挖的开挖面附近 TRD 搅拌墙墙身剪应力最大。剪应力随着基坑开挖深度的增加而增大,当基坑开挖到设计深度时,最大剪应力达到最大值,为 55.3kPa,出现在基坑设计开挖深度以上 0.5m 处。

第一次开挖面、第三次开挖面和第五次开挖面附近的墙身剪应力曲线出现拐点,这是因为这三个开挖面附近都安设有支撑,这说明混凝土支撑和钢支撑可以有效地限制 TRD 搅拌墙墙身剪应力的增加。

5.5 本章小结

通过上述研究,等厚水泥土连续墙施工过程中,在考虑混合泥浆性能和上覆荷载对安全系数影响后,得到以下结论:

(1)通过分析 TRD 工法槽壁失稳形态,浅层失稳为该工法主要失稳形式,采用带张拉裂隙的楔形体破坏模型,建立 TRD 工法槽壁受力分析,基于极限平衡法,建立槽壁安全系数计算公式。

(2)当 $z_c < z_w$ 时,等厚水泥土连续墙安全系数计算分三段,即:$0 \sim z_c$,$z_c \sim z_w$ 和 $z_w \sim H$,其中 $0 \sim z_c$ 范围,为槽壁自稳区间;$z_c \sim z_w$ 范围,不应考虑地下水位对该段安全系数影响,槽壁安全系数计算公式适用范围为 $z_w \sim H$。

(3)通过分析泥浆性能,获得等厚水泥土墙槽壁安全系数计算公式和典型变化曲线,安全系数随深度和泥浆重度增大而增大。屈服强度只有在发生相对运动时才会产生,因此,槽壁稳定时,不产生破裂体,槽内泥浆无移动倾向,泥浆屈服强度不发挥支撑作用。槽壁非稳定区域,槽壁向槽内移动,泥浆屈服强度完全发挥作用。在槽内某一深度处,当各种应力刚达到平衡时,槽壁开始进入稳定区域,此时安全系数 Fm_0 即为最小安全系数。

(4)有无地下水将影响槽壁安全系数,在浅层区域,地下水位减小了地层黏聚力,降低了安全系数,不利于槽壁稳定;随着深度的增加,泥浆重度和屈服强度的增加,槽壁内泥浆侧向支撑力增加,地下水对安全系数的影响逐渐减弱。

(5)槽壁内同一深度的安全系数随上覆荷载增加而变小,同一荷载条件下,安全系数随深度的增加而增大,同时,荷载对浅层安全系数的影响大于对深层的影响。铺设钢板可大幅度增加 TRD 施工设备主机接触面积,降低地表荷载,提高安全系数。

(6)在安全系数计算中,槽深与安全系数为一一对应关系,且随深度的增加而增大,安全系数小于 1.2,即认为槽壁失稳破坏。当 $Fm = 1.2$ 时,为破裂极限状态,可计算该深度所对应的 h,此时,h 为该荷载条件下地面最大破坏范围。因此,可通过减小上覆荷载或移动荷载范围,提高浅层安全系数,保证浅层槽壁稳定。同时,需保证荷载加载处,所对应的槽壁安全系数 $Fm \geqslant 1.2$,即可保证整个槽壁稳定。

(7)等厚水泥土连续墙安全系数计算,应结合各类施工参数,通过计算获得,替代以往的由施工经验所得,为合理应用于工程实践提供理论依据。

(8)基底稳定主要包括抗隆起和抗涌砂稳定,基底抗隆起稳定性决定了 H 型钢的插入深度,水泥土墙体起止水作用,基底抗涌砂稳定性决定了水泥土墙体的深度。除上述稳定性计算外,TRD 作为基坑的初期支护,应满足基坑整体稳定性、抗滑移稳定性的相关安全规定,确保施工安全且经济合理。

(9)通过 FLAC3D 建立了基坑数值模型,根据工程实际确定了土体、钻孔灌注桩、混凝土面层和支撑的各项计算参数,并考虑 TRD 搅拌墙在不同地层中物理力学性质的差异性,考虑不同地层条件下 TRD 搅拌墙力学性能的不同,研究了基坑开挖过程中 TRD 搅拌墙的受力变形规律。

第6章 工程实践应用

研究以青岛地铁1号线南岭路车站开挖工程为依托,在TRD作为车站基坑止水帷幕中,应用了研究中的TRD成墙质量影响因素、施工期间槽壁稳定性、TRD墙体参数确定,在车站C2出入口采用了内插型钢的"墙桩一体"的新支护形式,除应用上述研究成果外,还应用了内插型钢的TRD支护机理的研究成果,保证了TRD工法的止水和支护效果。

6.1 工程概况

青岛地铁1号线为南北走向线路,线路南起黄岛的五家港站,跨海向北进入青岛主城区,终至城阳镇东郭庄。整条线路连接了黄岛区、市南区、市北区、李沧区、城阳区,截至2021年12月,线路全长约60.11km,共设车站41座,均为地下车站。

6.1.1 车站概况

南岭路站是青岛地铁1号线第30个车站,位于重庆路与南岭三路交叉口西北侧,比邻中南世纪城,沿重庆路南北方向设置,站位西侧为拆迁后待开发地块,站位东侧紧邻重庆路,重庆路为双向十车道市区主干道路,如图6-1所示。

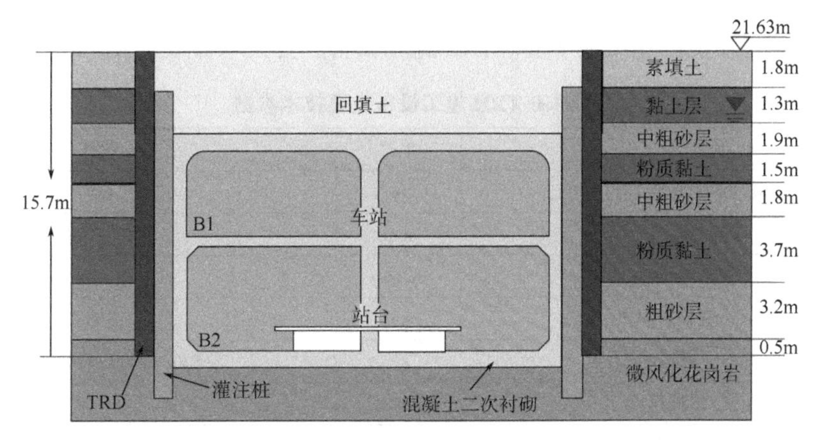

图6-1 南岭路车站剖面图

车站主体结构为地下二层单柱两跨钢筋混凝土框架结构,部分为双柱三跨,车站总长度为222m,站台宽度11m。车站标准段19.9m,结构总高度为13.96m,主体加宽段开挖总高度20.45m,总高度14.08m,本站设有4个出入口,4个风道。结构顶板覆土厚度2.25~3.8m,底板埋深17.83~19.15m。车站北端设盾构井,盾构井处结构宽度为25.5m,兴国路站~南岭路站区间采用矿山法施工,南岭路站~遵义路站区间采用盾构法施工,车站采用明挖法施工。

6.1.2 水文地质条件

本站地貌类型属剥蚀堆积地貌,地形较为平缓,第四系全新统人工堆积层填土覆盖,场区地下水主要类型为第四系孔隙潜水及基岩裂隙潜水。第四系孔隙潜水的含水层主要为填土、粗砂及粗砂~砾砂,基岩裂隙水的含水层主要为强风化流纹岩及节理密集带。

6.1.3 TRD 施工设备主机

链刀式连续墙设备是 TRD 的主要施工设备,为中国铁建重工集团股份有限公司生产的 LSJ60 型,如图 6-2 所示。

图 6-2 LSJ60 TRD 施工设备

该设备由主机和切割装置两大部分组成,主机带动切割装置沿成墙方向水平移动,切割刀具在成墙深度方向回转运动;掘削后注入固化液,并与原土混合搅拌,在地下形成一道连续、等厚、具有抗渗、挡土功能的连续地下墙。TRD 施工设备主要技术参数见表 6-1。

LSJ60 TRD 施工设备主要技术参数 表 6-1

项目		单位	参数
最大成墙深度		m	60
成墙厚度		mm	550~850
切削装置	链刀回转速度	m/min	0~69
	链刀切削力	kN	355
	横推力	kN	620(推力)/470(拉力)
	横推速度	mm/s	0~30
	链刀回转驱动方式	—	双马达液压驱动
	纵向升降方式	—	钢丝绳牵引+辅助油缸
	纵向提升行程	mm	6500
	提升速度	mm/s	55
	纵向提升力	kN	1000
	标准刀箱长度	mm	4875

6.1.4 工程治理难点

TRD 作为南岭路车站的落底式止水帷幕，其止水效果是决定该工法关键指标，如果 TRD 止水帷幕的完整性和防水性能不满足设计要求，则在基坑开挖时存在涌水涌砂的风险。通过研究地勘资料，认为该工程治理难点如下：

(1)施工区域内存在多层中粗砂层，均在地下水位线以下，是威胁车站的含水层，也是 TRD 工法需要改善的重点土层位置，其中埋深最深的砂层是厚度最大的砂层，根据模型试验结果，该层砂层是影响混合效果的关键层位，且该层砂层紧贴于基岩之上，极易因 TRD 入岩深度不够引发该层位渗漏水，是重点监测层位。

(2)落底式止水帷幕需进入基岩，在基坑底部形成封闭区域，南岭路车站区域基岩为中风化流纹岩，硬度较高，对 TRD 切削搅拌产生一定困难，同时，基岩的起伏变化，直接影响 TRD 的入岩深度，影响基坑底部的止水效果，应根据地勘报告和切削过程，密切关注入岩深度。

(3)南岭路站原场地为杂填土回填，地层承载力不均，在承载力较弱区域，易引发槽壁失稳，影响 TRD 施工设备主机稳定性和施工质量，而且根据地质资料可知，地层存在建筑垃圾及生活垃圾，多为砖块、混凝土块，块径 3 ~ 10cm，局部见大块建筑垃圾，直径可达 50cm，可对 TRD 施工造成不利影响，严重时无法施工或损坏施工机具。

(4)南岭路车站位于市区内，环保及文明施工要求高，施工过程中产生的废弃泥浆、噪声、粉尘等对周围环境造成一定污染，可能影响 TRD 施工进度，需设置泥浆池、沉淀池，控制污染源；运输车辆加覆盖装置，进出场地进行冲洗，防止粉尘和泥沙污染，出渣运输选择在夜间进行；加强环境卫生管理，加强防废、防毒、防火和用水管理，创造文明施工良好环境。

为上述施工难点，在施工前应掌握场地地质及环境资料，查明不良地质及地下障碍物的详细情况，清除地下的瓦砾、废管、木桩、混凝土块等杂物；并现场取土做室内试验，确定相关技术参数后再进行施工。

6.2 TRD 设计

为解决上述施工治理难点，基于上述研究成果，对 TRD 关键参数进行计算和设计，以保证 TRD 的施工质量和安全。

6.2.1 切削搅拌参数

由模型试验可知，当速度为 0.5m/s 时，颗粒进入均匀浓度区间所需混合时间最长，其混合效率较低，垂直切削速度为 1.5m/s 时，其进入混合均匀时间与 1m/s 差异不大。通过测量不同速度条件下扭矩，发现 1.5m/s 对应的扭矩远大于 1m/s 时的扭矩，其运行阻力较大，该切削速度条件下，不仅能耗较高，且加快了刀具的磨损，其经济性较差。由模型试验相似度计算可知，其对应现场搅拌速度约为 1m/s。

因该区域有多层砂层，且最深层砂层为最厚砂层，是控制搅拌均匀度的关键层位，为准确确定混合参数，在现场选取 10m 长试验段确定混合参数。经现场试验确定 1m/s 的垂直切削速度经济合理，单位距离搅拌时长为 1h，为保证注入水泥后混合的均匀性，其搅拌时间也为 1h。

6.2.2 墙体参数

TRD 施工顺序如图 6-3 所示。

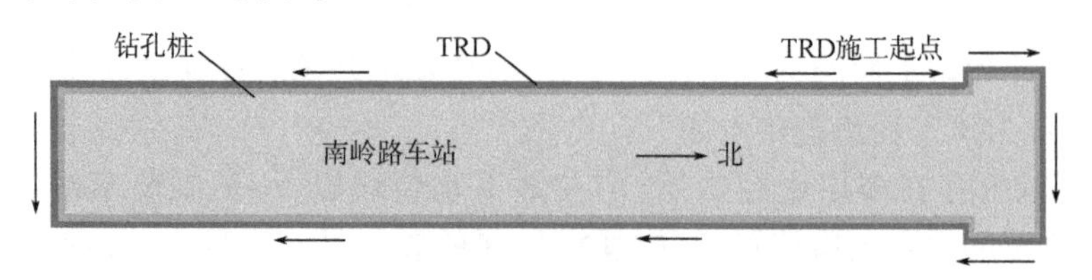

图 6-3 TRD 施工顺序图

使用 COMSOL Multiphysic 软件模拟结果可知,墙体厚度为 850mm,基坑涌水量为 $5.5m^3/d$,满足安全施工要求。同时,为了止水帷幕底部闭合,应嵌入不透水层或强化岩层不小于 0.5m 的深度,遇中风化层可截止,TRD 墙体参数见表 6-2。

TRD 墙体参数　表 6-2

长度	体积	厚度	深度	搭接宽度
507.7m	7514.44 m^3	850mm	15.7m	≥500mm

主体围护结构采用直径 1000mm 的钻孔桩,桩中心间距 1400mm,外设 850mm 厚的 TRD 水泥土搅拌墙作为止水帷幕,如图 6-4 所示。

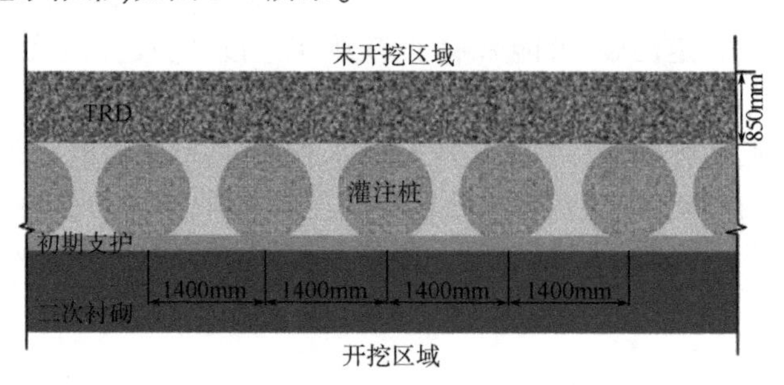

图 6-4 TRD 墙体水平剖面图

6.2.3 槽壁安全系数计算

由南岭路站地质详勘报告可知,槽壁安全系数计算参数取值如下,$c_1'=9.5kN/m^2$,$c_2'=0kN/m^2$,$H=15.7m$,$H_{fc}=0m$,$z_w=2.1m$,$K=0.42$,$\gamma=17.9kN/m^3$,$\gamma'=14.2kN/m^3$,$\gamma_c=18kN/m^3$,$\gamma_{fc}=0kN/m^3$,$\gamma_{sat}=23.2kN/m^3$,$\gamma_w=9.8kN/m^3$。

其中,重度为各地层的平均重度,TRD 施工设备主机和切割箱共重 136t,因此,为保证地面平整和施工稳定性,铺设钢板,提高地基承载力,钢板宽度为 10m,长度顺槽壁铺设,钢板铺设至槽壁边缘,因此,其上覆荷载 $q=q_r=13.3kN/m^2$。

由式(5-24)得 $z_c=1.26m$,由式(5-23)得 1.26m 深处 $F=25.8$,该数值已经远大于 1.2,因此,泥浆的屈服强度没有发挥支撑作用,仅靠泥浆压力就能保持槽壁的稳定性。

6.2.4 施工材料

TRD 的主要施工材料为水泥和切割液,具体规定如下:

(1)水泥

南岭路站 TRD 施工采用 P·O 42.5 普通硅酸盐水泥,水泥掺量为每立方米土重量不小于20%,即每立方米土水泥掺量约 360kg;水灰比暂取 1~2,根据现场地下水位情况,以综合含水率为标准,确定最终水灰比。

回程搅拌过程中,根据每段切槽深度,适当提升或下压切割箱达到充分搅拌的目的。注浆工序:回程搅拌至上次或第一次切槽开始位置,注浆搭接长度为 500mm,如第一次注浆则不需要。根据施工记录,注浆位置切槽深度,调节水泥浆用量,后台泥浆泵压力为 0.8 至 1MPa。

(2)切割液

根据设计标准,配制切割液。切割液的主要材料为膨润土,通过与水搅拌混合均匀后,形成悬浊液,应用于 TRD 的切削搅拌过程。

6.3　TRD 施工

在车站基坑施工 TRD,其作用为基坑的止水帷幕,需保证基坑的安全开挖,并在车站后期运营期间起到一定的止水作用。南岭路站采用三循环的方式,即切割箱钻至设计深度后,首先通过切割箱底端注入高浓度的膨润土浆液(切割液)进行先行挖掘地层一段距离(8~12m)与原位土体进行初次混合搅拌,再回撤挖掘至起始点后,拌浆后台更换水泥浆液,通过压浆泵注入切割箱底端与切割液混合泥浆进行混合搅拌、固化成墙。TRD 施工步骤如图 6-5 所示。

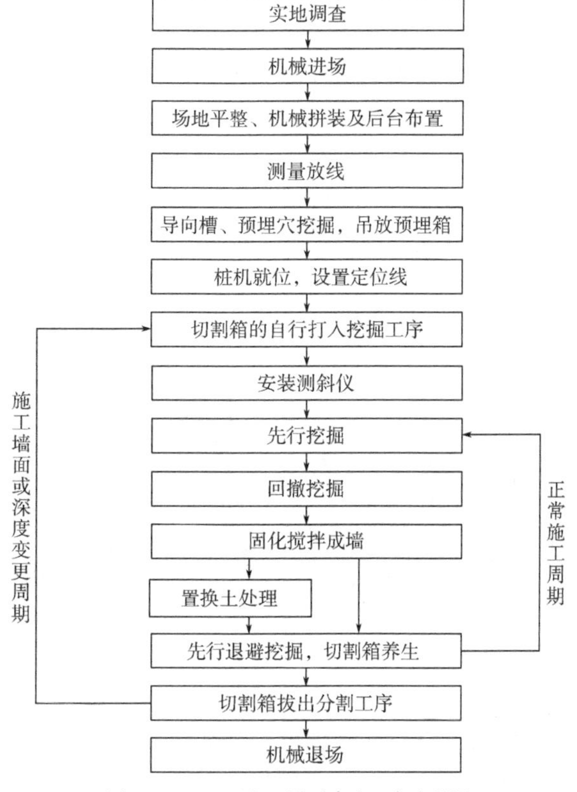

图 6-5　TRD 工法三循环建造工序流程图

为尽早为北侧盾构始发创造条件,越早完成北侧围护结构,越有利于盾构始发。TRD 从靠近盾构区围护结构西北侧开始向两边施做,沿设计边线施工,直至完成。

(1)先行施工 TRD 水泥搅拌墙

TRD 水泥搅拌墙作为止水帷幕,如果先行施工需将尺寸向外扩 15 ~ 20cm,同时必须待墙体达到设计强度后方可施工钻孔灌注桩。避免钻孔桩施工时破坏搅拌墙质量,影响止水效果。

(2)先行施工钻孔灌注桩

灌注桩作为基坑支护作用,要承受抗剪力,并且要确保灌注桩定位准确。如果后施工 TRD 止水帷幕,因为土体挤密效应,有可能影响灌注桩的定位和成桩质量。因此后施工 TRD 时应外扩 20cm 左右,并尽量降低成墙机对钻孔桩的扰动,减少止水帷幕施工对钻孔桩影响。

本工程中一般情况下首先施工 TRD 水泥土搅拌墙,待墙体具有一定强度后,再施工钻孔围护桩。但由于该站为盾构始发站,为确保盾构按建设单位节点工期始发,局部范围可根据工期情况调整施工顺序,先施工围护桩再施工 TRD 止水帷幕,但必须控制好 TRD 止水帷幕与钻孔桩之间的距离不宜超过 20cm,同时应严格控制好钻孔桩扩孔对止水帷幕施工的影响。

6.4 TRD 质量检测

强度和渗透系数是 TRD 工法搅拌墙成墙质量检测中最关键的指标,根据相关国家标准的规定,水泥土墙身强度应采用试块试验确定。

以往研究中多采取钻孔取芯测试芯样进行检测,检测结果受钻探影响大,无法真实反映搅拌墙成墙质量;或直接抽取固化液与地层搅拌后的混合泥液制作试样,对试样进行养护后检测,但是无法全面检测垂直深度内墙体均匀性与完整性。研究在钻孔取芯检测搅拌墙强度的基础上,采取一系列工程原位试验,根据检测结果进行系统分析,形成 TRD 工法搅拌墙质量综合评价方法。

如图 6-6 所示,通过钻孔取芯检测,并采取钻孔内变水头压水试验、高清钻孔电视成像以及钻孔电磁波雷达,分别对钻孔全深度内抗渗性、均匀性和完整性进行检测。同时检测采集芯样的强度和渗透系数。

a)钻孔取芯

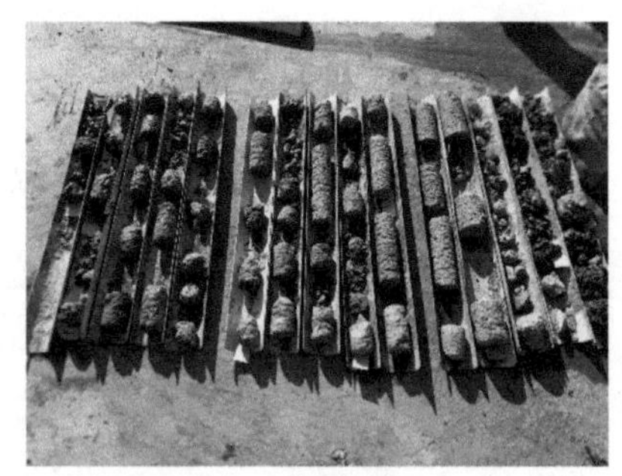

b)芯样

图 6-6 现场钻孔取芯

在连续墙成墙范围内进行钻孔取芯,搅拌墙强度的研究中,充分考虑到衔接处对墙体关键指标的影响,分别选取了连续成墙处和回撤挖掘衔接处共四个钻孔各钻孔具体信息见表 6-3。

各钻孔具体信息　　表6-3

钻孔序号	深度(m)	孔径(mm)	位置	龄期(d)	成孔情况
1号	15.7	89	衔接处	30	无塌孔
2号	15.7	89	连续段	29	无塌孔
3号	15.7	89	连续段	34	无塌孔
4号	15.7	89	衔接处	33	无塌孔

6.4.1　抗渗性检测

研究采取压水实验对TRD的全孔渗透系数进行检测，钻孔压水实验通过在原位钻孔中观测水位下降速率，从而体现钻孔内墙体的抗渗性，具体如图6-7所示。

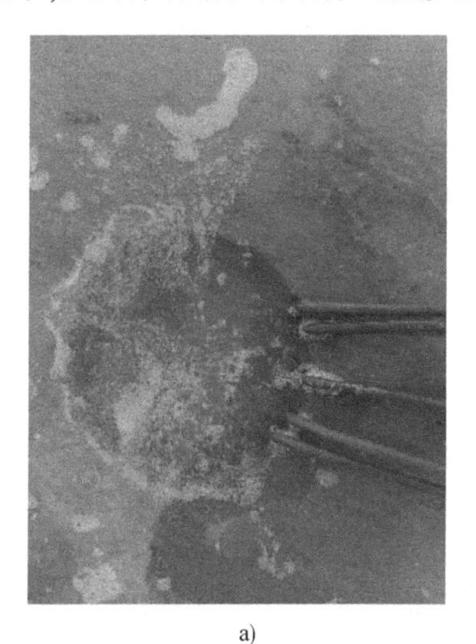

a)

b)

图6-7　压水试验

优势主要有：可以对墙体全深度进行检测，数据多且全面；直接对墙体进行测试避免了取芯过程中对芯样的损伤使得室内试验无法反映墙体真实的抗渗性；在现场操作减少因搬运过程造成芯样含水率改变或者其他影响渗透系数测试的因素影响等。考虑到现场实际条件，本次检测选取1号、3号和4号进行压水试验测试渗透系数，每隔5min测量一次，直至水位无变化，渗透系数k按下式计算：

$$k = \frac{\pi r^2 \ln(h_1/h_2)}{A(t_2 - t_1)} \tag{6-1}$$

式中：k——试验段墙体渗透系数(cm/s)；

r——钻孔半径(mm)；

t_1、t_2——观测始、终时间(min)；

h_1、h_2——时间t_1、t_2时钻孔内注水水面与地下水位的高度差(m)；

A——形状系数，对于同一均质土层：

$$A = \frac{2\pi l}{\ln\pi(l/r)} \tag{6-2}$$

l——试验段长度(m)。

原地层与TRD搅拌墙渗透系数对比见表6-4。

原地层与TRD搅拌墙渗透系数对比 表6-4

土层	渗透系数(cm/s)			
	原地层	1号钻孔	3号钻孔	4号钻孔
素填土	1.2×10^{-2}	5.6×10^{-7}	4.5×10^{-7}	3.8×10^{-7}
粉质黏土	2.3×10^{-5}	3.7×10^{-7}	4.8×10^{-7}	3.8×10^{-7}
中粗砂	2.5×10^{-2}	3.7×10^{-7}	4.8×10^{-7}	3.8×10^{-7}
黏土	1.2×10^{-6}	3.9×10^{-7}	3.3×10^{-7}	4.2×10^{-7}
粗砾砂	5.8×10^{-2}	3.9×10^{-7}	3.3×10^{-7}	4.2×10^{-7}
黏土	1.2×10^{-6}	3.0×10^{-7}	3.3×10^{-7}	7.3×10^{-7}
含黏性土中粗砂	2.3×10^{-2}	3.0×10^{-7}	1.8×10^{-7}	7.3×10^{-7}
基岩	3.4×10^{-5}	2.6×10^{-7}	1.7×10^{-7}	5.4×10^{-7}

由表6-4可知,TRD的渗透系数可以达到9×10^{-7}cm/s,相比于原地层中黏土层的1×10^{-5}cm/s或1×10^{-6}cm/s和中粗砾砂层的1×10^{-2}cm/s,改善效果显著,且渗透系数分布均匀,达到TRD工法设计要求。

6.4.2 芯样强度检测

为了评估水泥土搅拌墙在不同深度处的强度特性,在搅拌墙墙身进行原位钻孔,取出芯样后在实验室内测试强度。如图6-8所示,测试仪器采用YAW-100B单轴压力试验机,检测结果四个钻孔平均无侧限抗压强度为0.91MPa、0.93MPa、0.72MPa、0.92MPa,考虑钻进过程中的损伤补偿系数1.3,修正后四个钻孔平均无侧限抗压强度为1.19MPa、1.21MPa、0.94MPa、1.20MPa。各个钻孔取出的芯样平均强度均不小于0.8MPa,但是同一钻孔芯样的强度沿深度存在不均匀的问题,离散性大。

图6-8 YAW-100B单轴压力试验机

TRD 搅拌墙取芯芯样强度检测结果具有离散性较大的特点，且强度变化与钻孔取芯揭露的土层性质有明显的相关性。从地层分布上看，砂土层强度普遍比黏土层强度高、完整性好，芯样及强度随地层分布如图 6-9 所示。

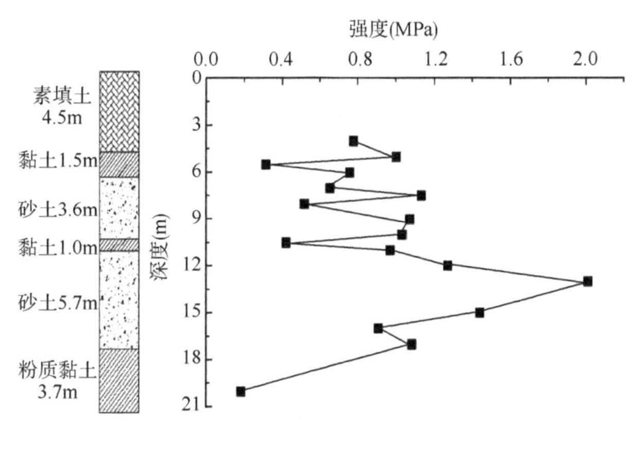

a)1号钻孔

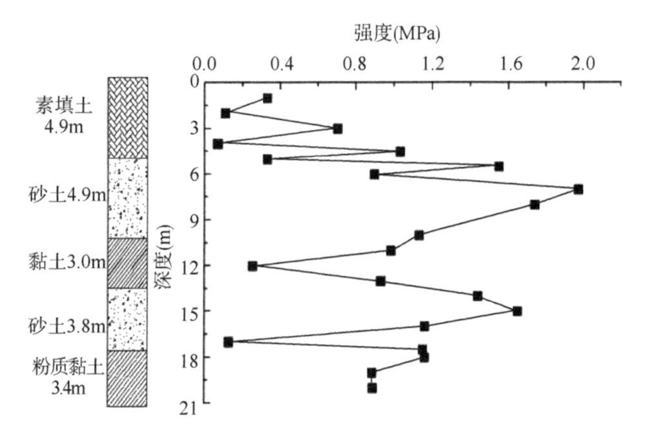

b)2号钻孔

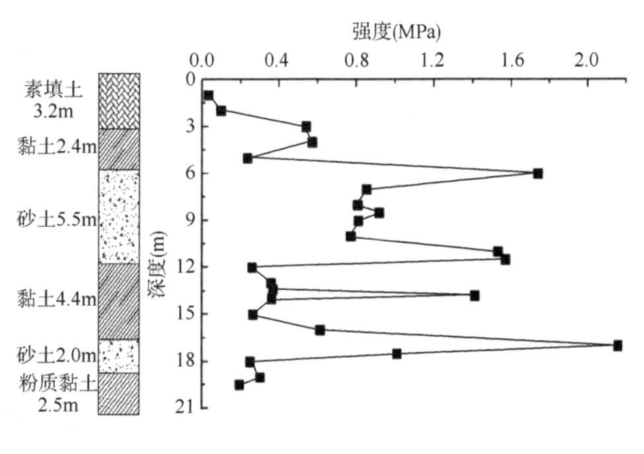

c)3号钻孔

图　6-9

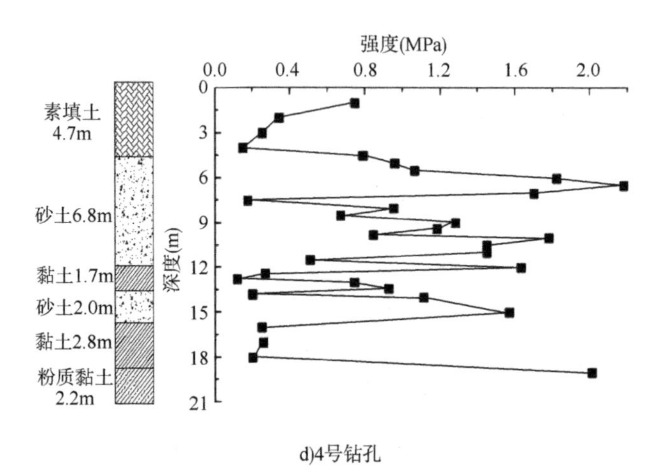

d)4号钻孔

图 6-9　芯样及强度随地层分布图

黏土之间的颗粒间距比水泥颗粒小,搅拌后水泥颗粒无法填充黏土颗粒间隙成为整体,造成了黏土层水泥土整体性差、强度低;而砂土之间的颗粒间隙可以被水泥颗粒充分填充,混合均匀,保证砂土层水泥土整体性和强度(图 6-10)。

a)砂层水泥土芯样

b)黏土层水泥土芯样

图 6-10　钻孔芯样

由于 TRD 工法使地层与固化液混合是以搅拌为主,相互之间的颗粒大小和颗粒间隙决定了不同地层与水泥相互混合的充分性,因此造成在同一钻孔内连续墙的强度也会出现较大差别,在整体上表现为砂土层强度比黏土层强度高。

TRD 施工设备在搅拌过程中受到机械性能和实际施工的限制,不同深度的地层采用同一注浆压力并由刀箱底部注入,无法实现所有地层与水泥的充分均匀搅拌,导致部分地层出现了水泥含量少的现象,从而影响部分区域的墙体强度,在全深度表现出离散性大的特点。

6.4.3　电磁波钻孔雷达检测

如图 6-11 所示,采用意大利 IDS 电磁波钻孔雷达,对 1 号和 3 号钻孔进行扫描,进一步验证 TRD 完整性和均匀性,观测钻孔周围 2m 范围内,TRD 是否存在孔洞、裂缝等缺陷。配套使用 150MHz 孔中天线,频率为 100MHz,孔间距 4m,采样率 1GHz 左右,采样时间 140ns,发射间

距0.5m。如图6-12所示，雷达探测结果显示，在1号和3号钻孔2m范围内，完整性好，无裂缝和孔洞，不存在明显缺陷。

图6-11　电磁波钻孔雷达

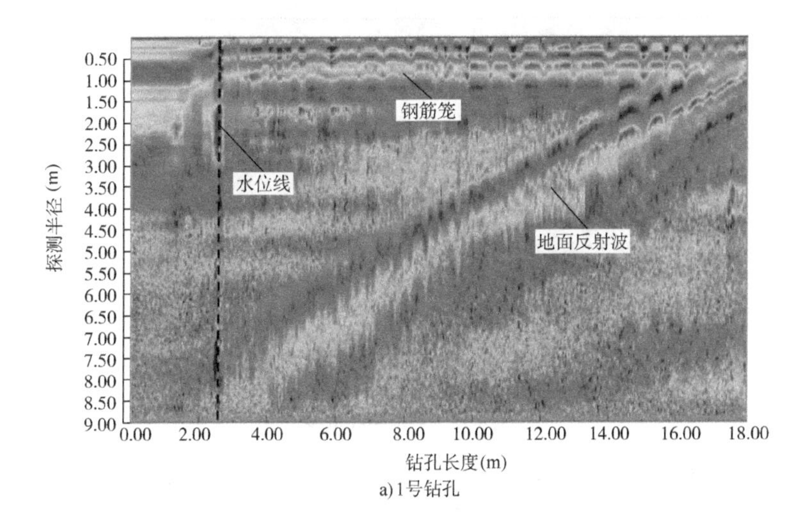

a)1号钻孔

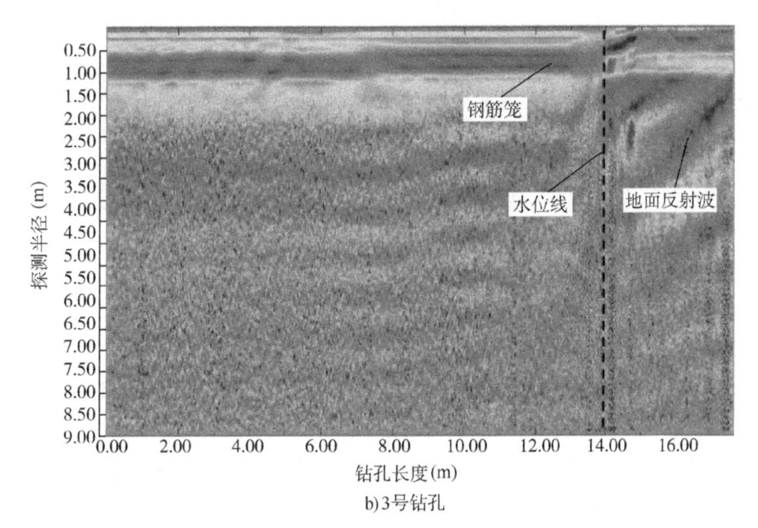

b)3号钻孔

图6-12　钻孔雷达检测结果

6.4.4 高清钻孔电视检测

连续与均质是TRD工法搅拌墙区别与其他截水工法最显著的优势，以往的研究均以钻孔芯样作为检测目标，以强度和渗透系数作为主要检测指标，对搅拌墙内部完整性和均匀性缺乏直观认识。

研究采用高清钻孔电视(图6-13)对各钻孔内壁进行扫描，观测钻孔内侧水泥与原状土胶结情况，是否存在裂缝、孔洞、蜂窝和松散等缺陷，对搅拌墙内部完整性和均匀性进行直观观测。钻孔取芯结束后，经洗孔、抽水，下钻孔电视对孔周壁进行检查，并对观测深度进行记录，以便墙体内部出现均匀性较差或者渗漏水时重新挖掘搅拌或者补充注浆，钻孔电视内部成像如图6-14所示。

图6-13 高清钻孔电视

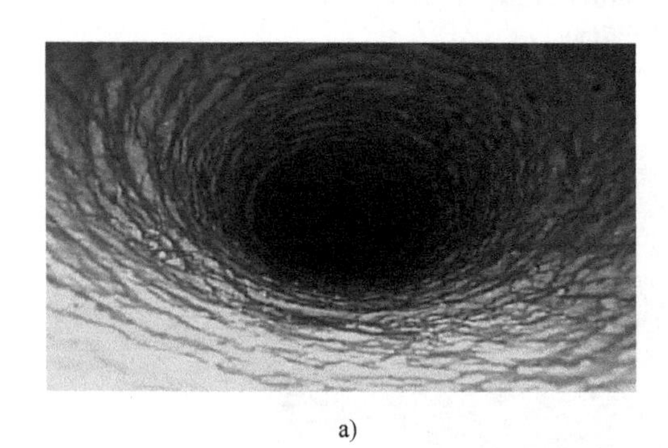

a)

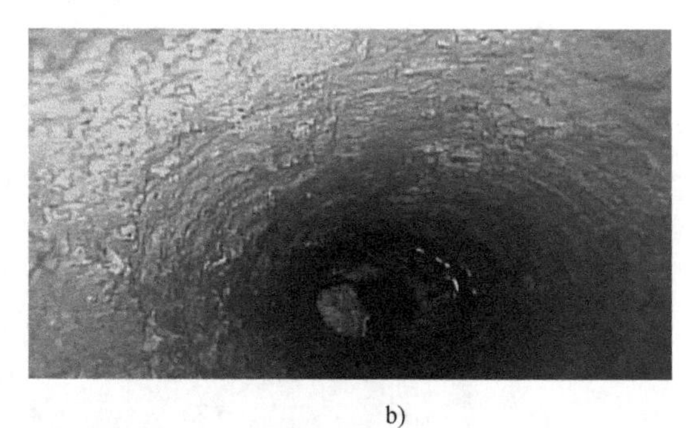

b)

图6-14 钻孔内部成像

钻孔取芯结束后，通过洗孔清除孔内其他杂质，并使用水泵将水抽出，使用钻孔电视开展检测工作，并记录观测深度，通过高清钻孔电视对各钻孔内壁进行检测，各钻孔良好，无明显缺陷。

综上所述，通过上述各类方法检测，基于研究成果对TRD工法的关键参数进行设计，其止水性能满足基坑安全开挖要求，如图6-15所示，在后续的基坑开挖全过程中，基坑未出现涌水涌沙的情况，保证了基坑的安全开挖。同时，TRD工法在青岛地铁1号线成功应用于庙头站、南岭路站、遵义路站、流亭机场站、胜利桥站、汽车北站、文阳路站、春阳路站、东郭庄站、正阳路站 10 个车站。

a) b) c) d)

图 6-15 南岭路站基坑开挖过程

6.5 质量综合评价

通过现场原位试验,得到了 TRD 工法搅拌墙在南岭路站地层中墙体强度、抗渗性、均匀性和完整性等方面的情况,为综合各评价因子,对 TRD 工法搅拌墙成墙质量进行综合评价,利用层次分析法量化各评价因子,然后利用模糊综合评价方法对成墙质量进行综合评价。

根据《渠式切割水泥土连续墙技术规程》(JGJ/T 303—2013)的规定:水泥土搅拌墙 28d 强度不小于 0.8MPa、渗透系数不大于 1.0×10^{-7}cm/s,结合青岛地区实际工程经验和南岭路站止水帷幕具体要求,确定抗渗性分析和强度分析中各评价等级的具体指标,得到质量评价指标体系层次模型,见表 6-5。

评价等级及量化表　　表 6-5

评价因素	优	良	中	差
抗渗性分析法	$\leqslant1.0\times10^{-7}$cm/s	(10^{-7}cm/s,10^{-6}cm/s]	(10^{-6}cm/s,10^{-5}cm/s]	$>1.0\times10^{-5}$cm/s
强度分析法	≥1.0MPa	[0.8MPa,1.0MPa)	[0.6MPa,0.8MPa)	< 0.6MPa
完整性分析	无裂缝、空洞等不良结构	有轻微裂缝和少量空洞	不良结构较多	不良结构多,完整性差
均匀性分析	岩性均匀	岩性分布有少量不均匀	岩性分布较不均匀	岩性分布离散较大

首先进行各指标权重的确定,其中强度和抗渗性是TRD工法搅拌墙能否满足基坑安全开挖要求的最主要因素,因此强度和抗渗性是成墙质量评价中最重要的指标,其他评价指标重要程度依次为完整性分析法和均匀性分析法。由此得到判断矩阵:

$$A = \begin{bmatrix} 1 & 1 & 3 & 5 \\ 1 & 1 & 2 & 4 \\ 1/3 & 1/2 & 1 & 2 \\ 1/5 & 1/4 & 1/2 & 1 \end{bmatrix}$$

可得权向量 $\omega_A = [0.4092 \quad 0.3499 \quad 0.1585 \quad 0.0824]$,$\lambda_{max} = 4.0112$。

用一致性指标 CI 衡量一致程度:

$$CI = \frac{\lambda_{max} - n}{n - 1} \tag{6-3}$$

式中:CI——一致性指标;

λ_{max}——判断矩阵的最大特征值;

n——判断矩阵的阶数。

可以得到 $CI = 0.0037$,采用平均随机一致性指标 RI 对 CI 进行修正,当 $CR \leqslant 1$ 时,认为矩阵具有可以接受的一致性,计算公式如下:

$$CR = \frac{CI}{RI} \tag{6-4}$$

式中:CR——一致性比率;

CI——一致性指标;

RI——随机一次性指标。

可以得到,$CR = 0.0041 < 0.1$,通过一次性检验。

根据成墙质量等级评价模型,对4个评价指标进行综合评价,根据现场各项检测的实测结果得到各评价因子的等级情况,建立单因素模糊评价矩阵,见表6-6。

单因素模糊评价矩阵 表6-6

评价因素	优	良	中	差
抗渗性分析法	0.00	0.89	0.11	0.00
强度分析法	0.46	0.17	0.11	0.26
完整性分析	0.86	0.10	0.04	0.00
均匀性分析	0.82	0.09	0.09	0.00

将评价矩阵与指标权重向量相乘,可以得到TRD工法搅拌墙成墙质量的模糊综合评价结果:

$$R = \omega_A \times R' \tag{6-5}$$

式中:R——综合评价结果;

ω_A——指标权重向量;

R'——评价矩阵。

其中：

$$R' = \begin{bmatrix} 0.00 & 0.89 & 0.11 & 0.00 \\ 0.46 & 0.17 & 0.11 & 0.26 \\ 0.86 & 0.10 & 0.04 & 0.00 \\ 0.82 & 0.09 & 0.09 & 0.00 \end{bmatrix}$$

因此可得 $R = \omega_A \times R' = [0.3648 \quad 0.4469 \quad 0.0973 \quad 0.0910]$

模糊矩阵单值化是为便于排序，给评价等级（评价等级为优、良、中、差4个等级）赋予分值，用最终求得的评价指标结果 R，将分值加权平均得到一个点值。通常给N个等级依次赋予具体分值且兼具相等即可，其中抗渗分析、强度分析、完整性分析和均匀性分析分别取1、1、3、5，可得评判结果为：$M = 1 \times 0.3648 + 2 \times 0.4469 + 3 \times 0.0973 + 4 \times 0.0910 = 1.9145$。

参考表6-7，认为南岭路站TRD工法搅拌墙成墙质量为良，适用性效果较好，开挖过程中需要跟踪观察。基坑实际开挖过程中无渗漏水，开挖顺利，达到加固效果。

成墙效果等级评价 表6-7

评价等级	指标取值范围	等级说明
优	$1 \leq M < 1.5$	加固效果好，发生渗漏水的可能性极小
良	$1.5 \leq M < 2.5$	加固效果好，发生渗漏水的可能性小，需要跟踪观察
中	$2.5 \leq M < 3.5$	加固效果一般，开挖过程中应根据需要进行注浆加固
差	$3.5 \leq M < 4$	加固效果差，极易渗漏水，需要提前制定应对措施

6.6 本章小结

依托工程实际，对南岭路站TRD止水帷幕进行了关键参数设计，其施工稳定性和止水性能均满足要求，并推广至其他多个车站开挖工程，并得到以下结论：

(1)通过在施工区域铺设钢板，提高了地面平整度，增加了TRD施工设备主机的接触面积，降低了集中荷载。通过槽壁稳定性安全系数公式计算，其稳定性满足要求。

(2)基于模型试验和现场试验，确定混合参数，适用于青岛地区多层中粗砂层的复杂地质条件，其混合效率高，有效提高了施工效率和质量。

(3)通过现场钻孔取芯，测试芯样强度，达到设计标准，并通过钻孔注水试验、电磁波钻孔雷达检测和钻孔电视检测方法，认为TRD工法止水性能满足设计标准，验证了TRD方案设计的可行性和正确性。

(4)利用模糊综合评价方法综合各评价因子对成墙质量进行评价，通过分析评价结果得到TRD工法在青岛地区砂土互层中适用性良好。

参 考 文 献

[1] 刘国彬,王卫东. 基坑工程手册[M]. 北京:中国建筑工业出版社,2009.

[2] 姜鹏,张庆松,刘人太,等. 富水砂层合理注浆终压室内试验[J]. 中国公路学报,2018,31(10):302-310.

[3] 钱七虎. 地下工程建设安全面临的挑战与对策[J]. 岩石力学与工程学报,2012,31(10):1945-1956.

[4] 李术才. 隧道及地下工程突涌水机理与治理[M]. 北京:人民交通出版社股份有限公司,2014.

[5] 任红涛. 止水帷幕对基坑渗流场影响分析[D]. 北京:中国地质大学(北京),2006.

[6] 白永年,马秀媛,顾淦臣,等. 中国堤坝抗渗加固新技术[M]. 北京:中国水利水电出版社,2001.

[7] 张文杰,陈云敏,詹良通. 垃圾填埋场渗滤液穿过垂直抗渗帷幕的渗漏分析[J]. 环境科学学报,2008(05):925-929.

[8] Katsumi T, Kamon M, Inui T, et al. Hydraulic barrier performance of SBM cut-off wall constructed by the trench cutting and re-mixing deep wall method[C]. Geocongress, 2008:628-635.

[9] Katsumi T, Invui T, Kamon M. In-situ containment for waste landfill and contaminated sites[C]// International symposium on geoenvironmental engineerirg, 2009.

[10] Sherwood P T. Soil stabilization with cement and lime[J]. Trl State of the Art Review, 1993.

[11] Al-Tabbaa A, Barker P, Evans C W. Soil mix technology for land remediation: recent innovations[J]. Proceedings of the Institution of Civil Engineers-Ground Improvement, 2011, 164(3):127-137.

[12] Navin M P. Stability of embankments founded on soft soil improved with deep-mixing-method columns[D]. Charlottesville: Virginia Tech, 2005.

[13] Bellato D. Experimental study on the hydro-mechanical behavior of soils improved using the CSM technology[D]. Charlottesville: University of Padua, 2013.

[14] Larsson S. State of practice report-Execution, monitoring and quality control[C]// International Conference on Deep Mixing, 2005:732-785.

[15] Kinoshita F, Motohiko M. Continuous underground trench excavating method and excavator therefor[J]. Google Patents, 2006.

[16] Takai A, Inui T, Katsumi T, et al. Hydraulic barrier performance of soil bentonite mixture cut-off wall[C]// Coupled phenomena in environmental geotechnics-from theoretical and experimental research to practical application, 2013:707-714.

[17] 吴洁妹,张国磊. TRD 工法在软土地层深基坑工程中的几种应用形式[J]. 施工技术,2014,43(13):23-26.

[18] 孙超,郭浩天. 深基坑支护新技术现状及展望[J]. 建筑科学与工程学报,2018,35(03):104-117.

[19] 王卫东. 超深等厚度水泥土搅拌墙技术与工程应用实例[M]. 北京：中国建筑工业出版社，2017.

[20] Evans J C. Alamitos Gap：A Case Study Using The Trench Remixing And Deep Wall Method. Sixth international conference on case histories geotechnical engineering and symposium in honor of professor JAMES K. mitchell. 2008.

[21] Denies N，Huybrechts N. Deep Mixing Method：Equipment and Field of Applications[M]. Elsevier，2015：311-350.

[22] 王卫东，翁其平，陈永才. 56m 深 TRD 工法搅拌墙在深厚承压含水层中的成墙试验研究[J]. 岩土力学，2014，35(11)：3247-3252.

[23] 陈晨，赵文，庞宇斌. TRD 工法水泥土墙现场取芯的三轴渗透试验[J]. 沈阳工业大学学报，2015，37(01)：116-120.

[24] Li W，Zhang Q，Liu R，et al. Quality Evaluation and Applicability Analysis of TRD Method in Sand Stratum of Subway Station[J]. Geotechnical and Geological Engineering，2019，37(4)：3013-3023.

[25] 桂大壮，张庆松，刘人太，等. TRD 工法在砂层中的关键工艺参数优化研究与应用[J]. 施工技术，2018(23)：20.

[26] 项敏. TRD 工法与 SMW 工法技术经济对比分析[J]. 广西城镇建设，2021(3)：2.

[27] Aoi M，Kinoshita F，Ashida S，et al. Diaphragm wall continuous excavation method：TRD method[J]. Kobelco technology review，1998，(21)：44-47.

[28] Aoi M，Komoto T，Ashida S. Application of TRD method to waste treatment on the ground [C]//International congress on Environmental Geotechnics，1996：437-440.

[29] 王曙光，高文生，李耀良，等.《建筑业 10 项新技术(2017 版)》地基基础和地下空间工程技术综述[J]. 建筑技术，2018，49(3)：234-240.

[30] 王卫东，徐中华. 基坑工程技术新进展与展望[J]. 施工技术，2018，47(6)：53-65.

[31] 安国明，宋松霞. 横向连续切削式地下连续墙工法——TRD 工法[J]. 施工技术，2005，(S1)：284-288.

[32] 安国明. 多功能钻孔机及其施工工艺[C]//中国土木工程学会，中国建筑业学会，中国工程机械学会，2016：211-243.

[33] 房建伟. 型钢 TRD 工法支护结构的受力分析及应用研究[D]. 苏州：苏州科技大学，2019.

[34] 管锦春. 深基坑止水帷幕 TRD 工法与 SMW 工法应用分析[J]. 施工技术，2016，45(15)：90-92.

[35] 住房和城乡建设部. 渠式切割水泥土连续墙技术规程：JGJ/T 303—2013[S]. 北京：中国建筑工业出版社，2014.

[36] 住房和城乡建设部. 型钢水泥土搅拌墙技术规程：JGJ/T 199—2010[S]. 北京：中国建筑工业出版社，2010.

[37] 上海住房和城乡建设管理委员会. 地下连续墙施工规程：DG/TJ 08-2073—2016[S]. 上海：同济大学出版社，2016.

[38] Jeffrey Evans, Dawson A, Opdyke Shana. Slurry walls for groundwater control: a comparison of UK and US practice. Citeseer, 2002.

[39] 张凤祥, 焦家训, 张玉莉. 水泥土连续墙新技术与实例[M]. 北京: 中国建筑工业出版社, 2009.

[40] 宋新江, 崔德密. 水泥土截渗墙渗透与力学特性[M]. 郑州: 黄河水利出版社, 2010.

[41] 顾慰慈. 渗流计算原理及应用[M]. 北京: 中国建材工业出版社, 2000: 271.

[42] 欧阳健. 超深基坑 TRD 落底式止水帷幕条件下地下水渗流特性及数值模拟[D]. 武汉: 武汉科技大学, 2019.

[43] Nishanthan R, Liyanapathirana D S, Leo C J. Deep cement mixed walls with steel inclusions for excavation support [J]. Geotechnical and Geological Engineering, 2018, 36 (6): 3375-3389.

[44] Waichita S, Jongpradist P, Jamsawang P. Characterization of deep cement mixing wall behavior using wall-to-excavation shape factor [J]. Tunnelling and Underground Space Technology, 2019: 83243-253.

[45] 王卫东, 沈健. 基坑围护排桩与地下室外墙相结合的"桩墙合一"的设计与分析[J]. 岩土工程学报, 2012, 34(S1): 303-308.

[46] 胡耘, 王卫东, 沈健. "桩墙合一"结构体系的受力实测与分析[J]. 岩土工程学报, 2012, 34(S2).

[47] Nash K L, Jones G K. The support of trenches using fluid mud[C]//Proc Grouts and Drilling Muds in Engineering Practice. London: Butteruorths, 1963: 177-180.

[48] Morgenstern N, Amir-Tahmasseb I. The stability of a slurry trench in cohesionless soils[J]. Geotechnique, 1965, 15(4): 387-395.

[49] Jiin-Song Tsai J C C. Three-dimensional stability analysis for slurry-filled trench wall in cohesionless soil[J]. Canadian Geotechnical Journal, 1996, 5(33): 798-808.

[50] Fox P J. Analytical solutions for stability of slurry trench[J]. Journal of geotechnical and geoenvironmental engineering, 2004, 130(7): 749-758.

[51] Piaskowski A. Application of thixotropic clay suspension for stability of vertical sides of deep trenches without strutting [J]. Montréal: the International Society for Soil Mechanics and Geotechnical Engineering, 1965: 526-529.

[52] Malusis M A, Evans J C, Jacob R W, et al. Construction and monitoring of an instrumented soil-bentonite cutoff wall: field research case study [C] // Central Pennsylvania Geotechnical Conference. 2017.

[53] 夏元友, 裴尧尧, 王智德, 等. 地下连续墙泥浆槽壁稳定性评价的水平条分法[J]. 岩土工程学报, 2013, 35(06): 1128-1133.

[54] Li Y C, Pan Q, Chen Y M. Stability of Slurry Trenches with Inclined Ground Surface[J]. Journal of Geotechnical and Geoenvironmental Engineering, 2013, 139(9): 1617-1619.

[55] Ignat R, Baker S, Karstunen M, et al. Numerical analyses of an experimental excavation supported by panels of lime-cement columns [J]. Computers and Geotechnics, 2020,

118:103296.

[56] Lim A, Ou C Y, Hsieh P G. A novel strut-free retaining wall system for deep excavation in soft clay: numerical study[J]. Acta Geotechnica: An International journal for Geoengineering, 2020(6):15.

[57] Terashi M. DEEP MIXING METHDOD-BRIEF STATE OF THE ART[C]//Fourteenth international Conference on Soil Mechanics and Foundation Engineering. 1999.

[58] 陈甦,彭建忠,韩静云,等. 水泥土强度的试件形状和尺寸效应试验研究[J]. 岩土工程学报,2002,24(5):580-583.

[59] 黄新,周国钧. 水泥加固土硬化机理初探[J]. 岩土工程学报,1994,16(1):62-68.

[60] 杨滨. 水泥土强度规律研究[D]. 上海:上海交通大学,2007.

[61] 曹智国,章定文. 水泥土无侧限抗压强度表征参数研究[J]. 岩石力学与工程学报,2015,34(S1):3446-3454.

[62] 陈四利,董凯赫,宁宝宽,等. 水泥复合土的渗透性能试验研究[J]. 应用基础与工程科学学报,2016,24(4):758-765.

[63] 郝巨涛. 水泥土材料力学特性的探讨[J]. 岩土工程学报,1991,13(3):53-59.

[64] Helen Åhnberg. Strength of Stabilised Soil-A Laboratory Study on Clays and Organic Soils Stabilised with different Types of Binder[D]. Sweden: Lund University, 2006.

[65] Saitoh S, Suzuki Y, Shirai K. Hardening of soil improved by the deep mixing method[M]. 1985:1745-1748.

[66] 张本蛟,黄斌,傅旭东,等. 水泥土芯样强度变形特性及本构关系试验研究[J]. 岩土力学,2015,36(12):8.

[67] Horpibulsuk S, Nagaraj T S, Miura N. Assessment of strength development in cement-admixed high water content clays with Abrams' law as a basis[J]. Géotechnique, 2003, 53(4): 439-444.

[68] Kawasaki T, Niina A, Saitoh S, et al. Deep mixing method using cement hardening agent[J]. Proc. of int. conf. on Smfe, 1981:721-724.

[69] Saitoh S. Experimental study of engineering properties of cement improved ground by the deep mixing method[D]. Japan: Nihon University, 1988.

[70] Knop A, Cruz R, Heineck K, et al. Solidification/Stabilization of a residual soil contaminated by diesel oil[C]//Swedish Deep Stabilization Research Centre, 2005:363-367.

[71] Tremblay Hélène, Duchesne J, Locat J, et al. Influence of the nature of organic compounds on fine soil stabilization with cement[J]. Canadian Geotechnical Journal, 2002, 3(39):535-546.

[72] Kitazume M. State of practice report-Field and laboratory investigations, properties of binder and stabilized soil[C]//Swedish Deep Stabilization Research Centre, 2005:660-684.

[73] Hernandez Martinez F, Al Tabbaa A. Strength properties of stabilised soil[C]//Swedish Deep Stabilization Research Centre, 2005:69-78.

[74] Modmoltin C, Voottipruex P. Influence of salts on strength of cement-treated clays[J]. Proceedings of the Institution of Civil Engineers Ground Improvement, 2009, 1(162):15-26.

[75] 傅小姝,王江营,张贵金,等.不同 pH 值下水泥土力学与渗透特性试验研究[J].铁道科学与工程学报,2017,14(8):1639-1646.
[76] 陈慧娥,王清.有机质对水泥加固软土效果的影响[J].岩石力学与工程学报,2005,24(52):5816-5821.
[77] 张树彬,王清,陈剑平,等.土体腐殖酸组分对水泥土强度影响效果试验[J].工程地质学报,2009,17(6):5.
[78] 张树彬.土体中腐殖酸对水泥固化软土效果的影响[D].吉林:吉林大学,2007.
[79] 程祖锋,牛中元,杨大顺.粉煤灰水泥改良垃圾土的强度试验研究[J].河北工程大学学报(自然科学版),2009(2):13-15.
[80] 贾珍,郭子仪,赵宏或.粉煤灰—水泥固化垃圾土强度特性及机理试验研究[J].内蒙古科技与经济,2012(2):62-64.
[81] 刘子铭.基于钙矾石填充的有机质土加固试验研究[D].南京:东南大学,2017.
[82] Baghdadi Z A,Shihata S A. On the durability and strength of soil-cement[J]. Proceedings of the Institution of Civil Engineers-Ground Improvement,1993,3(1):1-6.
[83] Usui H. Quality control of cement deep mixing method (wet mixing method) in Japan[J]. Swedish Deep Stabilization Research Centre,2005:635-638.
[84] Madhyannapu R S,Puppala A J,Nazarian S,et al. Quality assessment and quality control of deep soil mixing construction for stabilizing expansive subsoils[J]. Journal of Geotechnical and Geoenvironmental Engineering,2010,136(1):119-128.
[85] Porbaha A,Raybaut J L,Nicholson P. State of the art in construction aspects of deep mixing technology[J]. Proceedings of the Institution of Civil Engineers Ground Improvement,2001,3(5):123-140.
[86] Larsson S,Dahlstr M M,Nilsson B. A complementary field study on the uniformity of lime-cement columns for deep mixing[J]. Proceedings of the Institution of Civil Engineers Ground Improvement,2005,9(2):67-77.
[87] 胡师远.水泥土搅拌桩室内强度试验及其施工技术研究[D].广州:华南理工大学,2015.
[88] 赫文秀,申向东.掺砂水泥土的力学特性研究[J].岩土力学,2011,32(S1):392-396.
[89] Tokunaga S,Miura H,Otake T. Laboratory tests on effect of cement content on permeability of cement treated soil[J]. Stockholm (Sweden):Swedish Deep Stabilization Research Centre,2005:397-402.
[90] Mei C C,Yuhi M. Slow flow of a Bingham fluid in a shallow channel of finite width[J]. Journal of Fluid Mechanics,2001(431):135-159.
[91] 岳湘安.液-固两相流基础[M].北京:石油工业出版社,1996.
[92] Lee K,Cho J,Salgado R,et al. Retaining wall model test with waste foundry sand mixture backfill[J]. Geotechnical Testing Journal,2001,24(4):401-408.
[93] Jiang P,Zhang Q S,Liu R T,et al. Development of a trench cutting re-mixing deep wall method model test device[J]. Tunnelling and Underground Space Technology,2020,99:103385.
[94] Hassanien I A,Salama A A,Hosham H A. Analytical and numerical solutions of generalized

Burgers'equation via Buckingham's Pi-theorem[J]. Canadian journal of physics,2005,83(10):1035-1049.

[95] Nunziato J W. A multiphase mixture theory for fluid-particle flows[J]. Theory of Dispersed Multiphase Flow,1983:191-226.

[96] Sm Peker S H. Solid-liquid two phase flow[J]. 中国化学工程学报(英文版),2008,33(3):393.

[97] Montgomery D C. Introduction to Statistical Quality Control[M]. State of New Jersey:John Wiley & Sons,1991.

[98] 魏祥,梁志荣,李博,等. TRD水泥土搅拌墙在武汉地区深基坑工程中的应用[J]. 岩土工程学报,2014,36(Z2):222-226.

[99] 彭焱龙. 深基坑TRD工法围护结构的变形性状研究[D]. 南昌:南昌大学,2019.

[100] Andromalos K B,Bahner E W. The application of various deep mixing methods for excavation support systems [C]//Third International Conference on Grouting and Ground Treatment,2003.

[101] 王卫东,陈永才,吴国明. TRD水泥土搅拌墙施工环境影响分析及微变形控制措施[J]. 岩土工程学报,2015,37(Z1):1-5.

[102] 桂大壮. TRD工法搅拌墙力学性能与开挖稳定性分析[D]. 济南:山东大学,2019.

[103] 王刚. TRD围护结构深基坑施工变形规律研究[D]. 南昌:南昌航空大学,2013.

[104] 谭轲,王卫东,邸国恩. TRD工法型钢水泥土搅拌墙的承载变形性状分析[J]. 岩土工程学报,2017,37(s2):43-46.

[105] Jamsawang P,Voottipruex P,Tanseng P,et al. Effectiveness of deep cement mixing walls with top-down construction for deep excavations in soft clay:case study and 3D simulation[J]. Acta Geotechnica,2019,14(1):225-246.

[106] 郑刚,张华. 型钢水泥土复合梁中型钢—水泥土相互作用试验研究[J]. 岩土力学,2007(05):939-943.

[107] 谷淡平,凌同华. 悬臂式型钢水泥土搅拌墙的水泥土承载比和墙顶位移分析[J]. 岩土力学,2019,40(05):1957-1965.

[108] 张戈,毛海和. 软土地区深基坑围护结构综合刚度研究[J]. 岩土力学,2016,37(05):1467-1474.

[109] 董爱民. 型钢水泥土搅拌墙技术在基坑支护中的应用研究[D]. 北京:中国地质大学(北京),2008.

[110] 上海市住房和城乡建设管理委员会. 基坑工程技术规范:DG/TJ 08-61—2018[S]. 上海:同济大学出版社,2018.

[111] 中华人民共和国质量监督检验检疫总局,中国国家标准化管理委员会. 热轧H型钢和剖分T型钢:GB/T 11263—2017[S]. 北京:中国标准出版社,2017.

[112] 马军庆,王有熙,李红梅,等. 水泥土参数的估算[J]. 建筑科学,25(3):65-67.

[113] 顾士坦,郭英,任振群,等. 基坑SMW工法型钢起拔力的工程实测分析[J]. 四川建筑科学研究,2011,37(04):133-135.

[114] 张冠军,徐永福,傅德明. SMW工法型钢起拔试验研究及应用[J]. 岩石力学与工程学

报,2002,21(3):444-448.
[115] 索玉文. 拉力型锚索孔道弯曲情况下受力机理研究与分析[D]. 绵阳:西南科技大学,2016.
[116] Voottipruex P, Jamsawang P, Sukontasukkul P, et al. Performances of SDCM and DCM walls under deep excavation in soft clay: Field tests and 3D simulations[J]. Soils and Foundations, 2019, 59(6).
[117] 周雨微. 考虑参数空间变异性的 TRD 工法型钢水泥土墙承载性能及变形特性[D]. 武汉:华中科技大学,2018.
[118] 陈烜,周淦,丁克胜,等. 等厚劲性水泥土墙型钢拔除数值模拟分析[J]. 天津建设科技,2015,25(2):9-11.
[119] 梅国雄,宰金珉,戴国亮,等. 主动土压力折减系数的研究[J]. 工业建筑,2001,31(3):5-6.
[120] 宣以忠. 对"挡土墙土压力公式的修正"一文的几点意见[J]. 华中建筑,1990(4):30-31.
[121] 周应英,任美龙. 刚性挡土墙主动土压力的试验研究[J]. 岩土工程学报,1990,12(2):19-26.
[122] 裴尧尧. 地下连续墙成槽施工环境效应研究[D]. 武汉:武汉理工大学,2013.
[123] 赵尚毅,郑颖人,时卫民,等. 用有限元强度折减法求边坡稳定安全系数[J]. 岩土工程学报,2002,24(3):343-346.
[124] Zienkiewicz O C, Taylor R L. The finite element method: solid mechanics[J]. Butterworth Heinemann, 2000.
[125] 郑颖人,赵尚毅. 有限元强度折减法在土坡与岩坡中的应用[J]. 岩石力学与工程学报,2004,23(19):3381-3388.
[126] 陆震铨,祝国荣. 地下连续墙的理论与实践[M]. 北京:中国铁道出版社,1987.
[127] 雷国辉,王轩,雷国刚. 泥浆护壁开挖稳定性的影响因素及失稳机理综述[J]. 水利水电科技进展,2006,(01):82-86.
[128] 杨嵘昌,刘世同. 地下墙浅表泥浆槽壁的稳定分析——坍体底面涉及地表时的泥浆临界相对密度[J]. 南京建筑工程学院学报,1997,41(2):28-34.
[129] Nash K L. Stability of trenches filled with fluids[J]. Journal of the Construction Division, 1974, 100(4):533-542.
[130] 中华人民共和国住房和城乡建设部. 建筑地基基础设计规范:GB 50007—2011[S]. 北京:中国建筑工业出版社,2011.
[131] Fox P J. Analytical Solutions for Stability of Slurry Trench[J]. Journal of Geotechnical and Geoenvironmental Engineering, 2004, 130(7):749-758.
[132] Lambe W T, Whitman R V. Soil mechanics, SI Version[M]. New York: Wiley, 1969.
[133] Jiang P, Zhang Q S, Liu R T, et al. Influence of mud shear strength on the stability of a trench cutting re-mixing deep wall during construction[J]. Arabian Journal of Geosciences, 2020, 13(7):303.

[134] 黄梦宏,丁桦. 边坡稳定性分析极限平衡法的简化条件[J]. 岩土力学与工程学报,2006(12):2529-2536.

[135] 刘国彬,黄院雄,刘建航. 超载时地下连续墙的槽壁稳定分析与实践[J]. 同济大学学报(自然科学版),2000(3):267-271.

[136] 黄炳德,王卫东,邸国恩. 上海软土地层中TRD水泥土搅拌墙强度检测与分析[J]. 土木工程学报,2015(S2):108-112.

[137] Akagi H. Cost reduction of diaphragm wall excavation using air form and case record[C]// 中日岩土工程学术会议. 2006:685-692.

[138] Kaniraj S R, Havanagi V G. Behavior of cement-stabilized fiber-reinforced fly ash-soil mixtures[J]. Journal of geotechnical and geoenvironmental engineering, 2001,127(7):574-584.

[139] Choi S G, Park S S. Engineering Characteristics of Bio-cemented Soil Mixed with PVA Fiber[J]. Journal of the Korean Geotechnical Society, 2016,32(8):27-33.